ML Mathematik für die Lehrerausbildung

Buchmann
Nichteuklidische Elementargeometrie
Einführung in ein Modell
126 Seiten. DM 18,80

Freund / Sorger
Aussagenlogik und Beweisverfahren
136 Seiten. DM 14,80

Kreutzkamp / Neunzig
Lineare Algebra
136 Seiten. DM 15,80

Messerle
Zahlbereichserweiterungen
119 Seiten. DM 15,80

Walser
Wahrscheinlichkeitsrechnung
164 Seiten. DM 15,80

Die Reihe Mathematik für die Lehrerausbildung wird durch weitere Bände fortgesetzt.

Preisänderungen vorbehalten.

B. G. Teubner Stuttgart

Mathematik für die Lehrerausbildung

G. Messerle
Zahlbereichserweiterungen

Mathematik für die Lehrerausbildung

Herausgegeben von
Prof. Dr. G. Buchmann, Flensburg, Prof. Dr. H. Freund, Kiel
Prof. Dr. P. Sorger, Kiel, Dr. W. Walser, Baden/Schweiz

Die Reihe Mathematik für die Lehrerausbildung behandelt studiumsgerecht in Form einzelner aufeinander abgestimmter Bausteine grundlegende und weiterführende Themen aus dem gesamten Ausbildungsbereich der Mathematik für Lehrerstudenten. Die einzelnen Bände umfassen den Stoff, der in einer einsemestrigen Vorlesung dargeboten wird. Die Erfordernisse der Lehrerausbildung berücksichtigt in besonderer Weise der dreiteilige Aufbau der einzelnen Kapitel jedes Bandes: Der erste Teil hat motivierenden Charakter. Der Motivationsteil bereitet den zweiten, theoretisch-systematischen Teil vor. Der dritte, auf die Schulpraxis bezogene Teil zeigt die Anwendung der Theorie im Unterricht. Aufgrund dieser Konzeption eignet sich die Reihe besonders zum Gebrauch neben Vorlesungen, zur Prüfungsvorbereitung sowie zur Fortbildung von Lehrern an Grund-, Haupt- und Realschulen.

Zahlbereichserweiterungen

Von Dr. rer. nat. G. Messerle
Professor an der Pädagogischen Hochschule Freiburg

1975. Mit 51 Figuren, 64 Aufgaben und zahlreichen Beispielen

B. G. Teubner Stuttgart

Prof. Dr. rer. nat. Gerhard Messerle

Geboren 1936 in Witten. Von 1957 bis 1962 Studium der Mathematik und Physik in Göttingen und Freiburg. 1962 Staatsexamen in Göttingen. Von 1963 bis 1968 wissenschaftlicher Mitarbeiter am Institut für Spektroskopie der DFVLR in Stuttgart. Von 1965 bis 1966 Studienreferendar in Stuttgart, 1966 Assessorexamen. 1967 Promotion an der Technischen Universität München. Seit 1968 Dozent für Mathematik an der Pädagogischen Hochschule Freiburg, 1971 Ernennung zum Professor.

ISBN 978-3-519-02703-4 ISBN 978-3-322-92153-6 (eBook)
DOI 10.1007/978-3-322-92153-6

Umschlaggestaltung: W. Koch, Sindelfingen

Vorwort

Der vorliegende Band über Zahlbereichserweiterungen ist im Rahmen der Reihe „Mathematik für die Lehrerausbildung“ (ML) zu sehen. Die schulrelevanten Übergänge von den natürlichen Zahlen zu den positiven rationalen Zahlen, den ganzen Zahlen und schließlich zu den rationalen Zahlen werden dem künftigen Lehrer an Grund-, Haupt- und Realschulen in geschlossener und an der Schulwirklichkeit orientierter Form leicht zugänglich dargestellt.

Auch dem in der Schulpraxis stehenden Lehrer kann dieser Band eine Hilfe sein, Antworten auf Fragen zu finden, die im Zusammenhang mit der unterrichtlichen Gestaltung des Bruchrechnens auftreten.

Der hier gewählte Aufbau unterscheidet sich von anderen zu diesem Thema vorliegenden Darstellungen in folgenden Punkten:

In Anlehnung an das übliche Vorgehen im Schulunterricht werden zunächst Bruchzahlen, dann ganze Zahlen eingeführt.

Ebenfalls im Einklang mit neueren Vorschlägen für den Unterricht wird der Zugang zu den Bruchzahlen über Größenbereiche gewählt.

Dort, wo es sich anbietet, wird folgende Gliederung eingehalten: Zunächst anschauliche Hinführung (Teil A), dann strenge Durchführung (Teil B), daran anschließend Anregungen und Vorschläge für die schulische Unterrichtsgestaltung (Teil C) und zur Abrundung Übungsaufgaben.

Der Leser dieses Bandes sollte Kenntnisse über die natürlichen Zahlen – etwa das Kardinalzahlmodell – mitbringen. Je nach Gestaltung des Studiums können Lehrerstudenten dieses Buch vom zweiten oder dritten Semester an benutzen.

Im ersten Kapitel wird der Übergang von der Menge der natürlichen Zahlen zur Menge der positiven rationalen Zahlen dargestellt. Gemäß unserem didaktischen Ansatz wird zunächst die Struktur von Größenbereichen behandelt. Dabei kommt dem Größenbereich der Längen als Modell für Größenbereiche exemplarische Bedeutung zu.

Daran anschließend werden die Bruchzahlen als Abbildungen innerhalb von Größenbereichen eingeführt. Auch das Rechnen mit Bruchzahlen wird auf den Umgang mit Größen gestellt.

Den Abschluß dieses Kapitels bildet die ausführliche Besprechung des Operatormodells der Bruchrechnung. In Form sog. Kombinationsmaschinen werden die Bruchzahlen vorgestellt und ein Weg für die Gestaltung des Bruchrechnens im Schulunterricht aufgezeigt.

An geeignet erscheinenden Stellen sind jeweils Übungsaufgaben eingefügt, die sich auf die unmittelbar zuvor behandelten Inhalte beziehen.

Das zweite Kapitel ist der Einführung negativer Zahlen gewidmet. Zunächst wird die Erweiterung der Menge der natürlichen Zahlen an Hand anschaulicher Modelle vorbereitet. Daran schließt sich die algebraische Erweiterung unter Betonung strukturmathematischer Gesichtspunkte an. Dabei werden zum Teil Parallelwege skizziert, die jedoch letztlich alle zum Körper der rationalen Zahlen führen.

An entsprechenden Stellen werden die Unterrichtsbezüge aufgezeigt und an Hand eines Verschiebungsmodells ausführlich diskutiert. Des weiteren werden dem Leser zur Selbstüberprüfung wiederum Übungsaufgaben angeboten.

Dieses Kapitel schließt mit Beispielen für die Nichtabgeschlossenheit der Menge der rationalen Zahlen. Die Behandlung der reellen Zahlen bleibt allerdings einem Folgeband vorbehalten.

Im dritten Kapitel werden die ausführlichen Lösungswege aller zuvor gestellten Aufgaben mitgeteilt.

In wesentlichen Teilen beruht die vorliegende Darstellung auf einem Skriptum von Prof. Dr. Helmut Freund, Pädagogische Hochschule Kiel, dem der Verfasser zu großem Dank verpflichtet ist.

Freiburg, im Frühjahr 1975 G. Messerle

Inhalt

1 Die Erweiterung von $\mathbb{N}$ nach $\mathbb{Q}^+$

2 Die Einführung negativer Zahlen

Bemerkung: Durch * werden umfangreiche Aufgaben gekennzeichnet.

1 Die Erweiterung von $\mathbb{N}$ nach $\mathbb{Q}^+$

1.1 Größenbereiche

1.1.1 Beispiele für Größenbereiche

A

1.1.1.1 Zur Einführung Ausdrücke wie 8 m, 6 kg, 13 cm^2, 7 hl, 15 s, 45 Pf usw. bezeichnen G r ö ß e n.

Eine Größe wird durch eine M a ß z a h l und eine E i n h e i t gekennzeichnet. Z. B. ist die Größe 3 dm durch die natürliche Zahl 3 und die Länge dm festgelegt.

Zu den am häufigsten verwendeten Größen gehören Längen, Gewichte, Zeitspannen, Geldwerte, Flächen- und Rauminhalte. Sie werden bei der Beschreibung von Meßergebnissen benutzt. Z. B. wiegt ein Körper 260 g, ein Vorgang dauert 8 min, der Fernsehturm ist 211 m hoch, das Schwimmbecken faßt 132 m^3 Wasser usw.

Dabei haben wir zwischen Größen und ihren Repräsentanten zu unterscheiden. Ein Stab ist z.B. 1,40 m lang. Der Stab ist ein realer Gegenstand, der die Länge 1,40 m repräsentieren kann. Andere Repräsentanten für Größen sind z.B. Kanten, Steine, Münzen, Vorgänge, Gefäße usw.

Die grundlegenden Begriffe für einen Größenbereich wollen wir am Beispiel der Längen exemplarisch herleiten. Dabei können wir uns davon überzeugen, daß dieser Vorgang analog der Bildung des Kardinalzahlbegriffs abläuft.

1.1.1.2 Der Größenbereich der Längen Wir denken uns eine Menge von Stäben S gegeben. In Fig. 1.1 haben wir die Stäbe durch Strecken veranschaulicht.

Die Strecken der Menge S vergleichen wir bezüglich der Relationsvorschrift

x ist deckungsgleich zu y

Wir können z.B. mit einem Stechzirkel feststellen, welche Strecken aus S deckungsgleich sind und welche nicht.

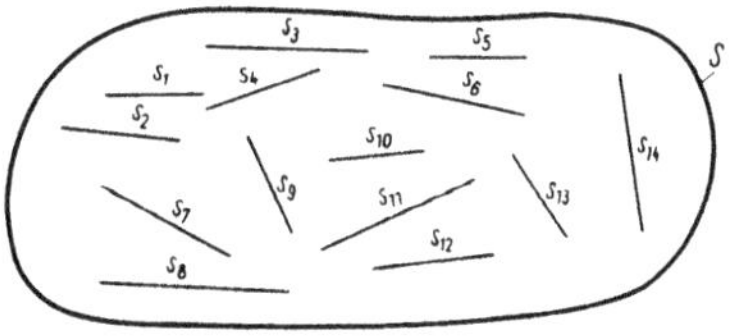

Fig. 1.1

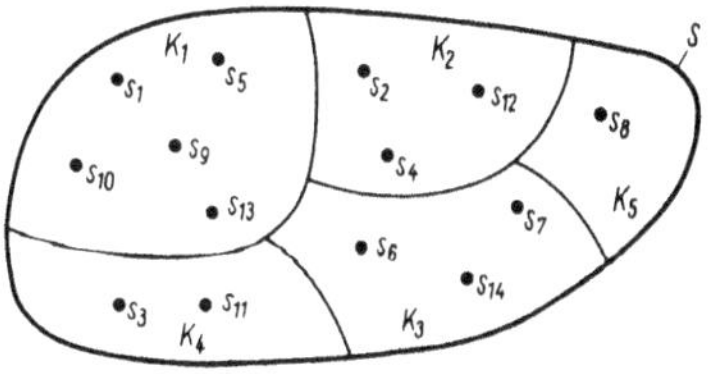

Fig. 1.2

Die Relation

$$R_1 = \{(x, y) \mid x \text{ ist deckungsgleich zu } y \text{ mit } x \in S \text{ und } y \in S\}$$

A ist eine Äquivalenzrelation, da sie reflexiv, symmetrisch und transitiv ist. Die Menge S wird durch diese Relation in Klassen deckungsgleicher Strecken eingeteilt.

$$K_1 = \{s_1, s_5, s_9, s_{10}, s_{13}\}$$
$$K_2 = \{s_2, s_4, s_{12}\}$$
$$K_3 = \{s_6, s_7, s_{14}\}$$
$$K_4 = \{s_3, s_{11}\}$$
$$K_5 = \{s_8\}$$

In Fig. 1.2 haben wir die Strecken durch Punkte markiert und die Klassen eingezeichnet. Die Relationspfeile haben wir der besseren Übersicht wegen fortgelassen.

Die gemeinsame Eigenschaft der Strecken einer Klasse nennen wir ihre Länge. Die Länge der Strecken aus K_1 können wir z. B. mit $|s_1|$ oder $|s_5|$ usw. bezeichnen. $|s_1| = |s_5|$ bedeutet dasselbe wie s_1 ist deckungsgleich zu s_5.

Jede Strecke einer Klasse kann die zugehörige Länge repräsentieren. Strecken verschiedener Klassen haben verschiedene Längen.

In dem zuvor ausgeführten Beispiel haben wir fünf verschiedene Längen erhalten, die wir auch mit $\ell_1, \ell_2, \ldots, \ell_5$ bezeichnen können.

$$K_1 \to \ell_1; \quad \ell_1 = |s_1| = |s_5| = |s_9| = |s_{10}| = |s_{13}|$$
$$K_2 \to \ell_2; \quad \ell_2 = |s_2| = |s_4| = |s_{12}|$$
$$K_3 \to \ell_3; \quad \ell_3 = |s_6| = |s_7| = |s_{14}|$$
$$K_4 \to \ell_4; \quad \ell_4 = |s_3| = |s_{11}|$$
$$K_5 \to \ell_5; \quad \ell_5 = |s_8|$$

Indem wir die bisherigen Ausführungen etwas strenger fassen, können wir die Länge einer Strecke oder eines Stabes definieren.

Definition 1.1 Die Länge $\ell = |s|$ einer Strecke s ist die Äquivalenzklasse der zu s deckungsgleichen Strecken.

Der hier beschrittene Weg zur Gewinnung des Begriffs Länge entspricht dem Vorgehen bei der Herleitung des Kardinalzahlmodells. Anders als bei Kardinalzahlen erhalten wir bei Längen keine natürliche Einheit. Alle natürlichen Zahlen können als Vielfache der Einheit 1 aufgefaßt werden. Demgegenüber müssen wir für Längen willkürlich einen Repräsentanten auszeichnen.

Bei Paris wird ein Metallstab aufbewahrt – das sog. Urmeter – dessen Länge 1 m (Meter) genannt wird. Andere Längeneinheiten sind 1 km, 1 dm, 1 cm usw.

Falls zwei Stäbe (oder Strecken) nicht deckungsgleich sind, dann ist der eine Stab entweder kürzer oder länger als der andere Stab.

Wir wollen die Strecken unseres ersten Beispiels (vgl. Fig. 1.1) bezüglich der Relationsvorschrift „x ist kürzer als y" vergleichen. Wir können z. B. wieder mit einem Stechzirkel entscheiden, welche Strecke kürzer als eine andere ist und welche nicht.

A

Die Relation

$$R_2 = \{(x, y) \mid x \text{ ist kürzer als } y \text{ mit } x \in S \text{ und } y \in S\}$$

ist eine strenge, nicht lineare Ordnungsrelation, da sie irreflexiv, asymmetrisch, transitiv und nicht vollständig (konnex) ist. Das zur Relation R_2 gehörige *Ordnungs- (Hasse-) Diagramm* haben wir in Fig. 1.3 dargestellt.

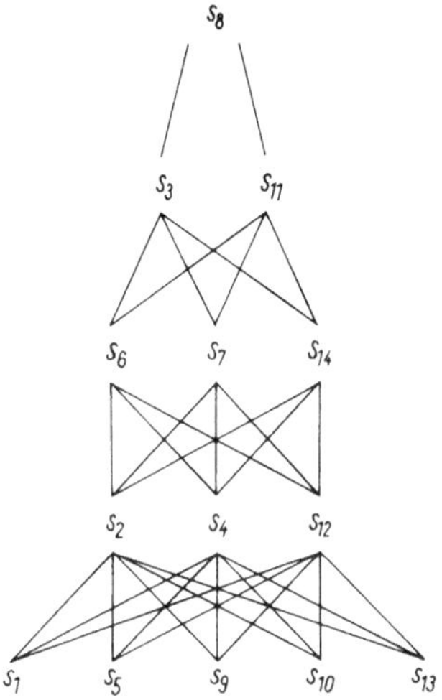

Fig. 1.3

Die Strecken s_1, s_5 usw. sind am kürzesten, die Strecke s_8 ist die längste. Gleichlange Strecken – sie stehen bezüglich R_2 nicht in Relation – sind im Ordnungsdiagramm auf gleicher Höhe nebeneinander angeordnet. Die Strecken eines *Stockwerks* sind jeweils die Elemente der Äquivalenzklassen $K_1, K_2, \ldots, K_5$.

Die zwischen den Repräsentanten $s_1, \ldots, s_{14}$ erklärte „Kürzerrelation" können wir als „Kleinerrelation" auf die zugehörigen Längen $\ell_1, \ldots, \ell_5$ übertragen. In der Menge $L = \{\ell_1, \ell_2, \ell_3, \ell_4, \ell_5\}$ ist die Relation

$$R_3 = \{(x, y) \mid x \text{ ist kleiner als } y, \text{ mit } x \in L \text{ und } y \in L\}$$

eine lineare strenge Ordnungsrelation. Fig. 1.4 zeigt das zugehörige Pfeildiagramm.

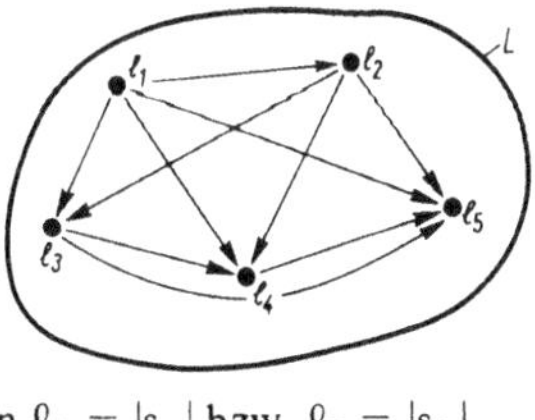

Fig. 1.4

Definition 1.2 s_1 bzw. s_2 seien Repräsentanten der Längen $\ell_1 = |s_1|$ bzw. $\ell_2 = |s_2|$. Dann heißt ℓ_1 *kleiner* als ℓ_2, wenn s_1 *kürzer als* s_2 ist. Dafür schreibt man $\ell_1 < \ell_2$.

A **Bemerkung** Die Analogie zwischen dem Kardinalzahlmodell und Größen bleibt auch für die Ordnung erhalten.

Der Relationsvorschrift „x hat weniger Elemente als y“ bei endlichen Mengen entspricht die Kürzerrelation für Stäbe (Strecken), und der Kleinerrelation bei Kardinalzahlen entspricht die Kleinerrelation für Längen.

Da für beliebige Stäbe (Strecken) r und s gilt: entweder ist r kürzer als s oder r ist gleichlang wie s oder s ist kürzer als r, gilt für die zugehörigen Längen: entweder $|r| < |s|$ oder $|r| = |s|$ oder $|s| < |r|$.

Diese Eigenschaft von Größen ist das sog.

Trichotomiegesetz Seien ℓ_1 und ℓ_2 Längen. Dann gilt entweder $\ell_1 < \ell_2$, $\ell_1 = \ell_2$ oder $\ell_2 < \ell_1$.

Ebenfalls durch Zurückgreifen auf Repräsentanten können wir eine Addition für Längen erklären. Indem wir zwei Strecken r und s wie in Fig. 1.5 aneinanderlegen, erhalten wir eine neue Strecke t.

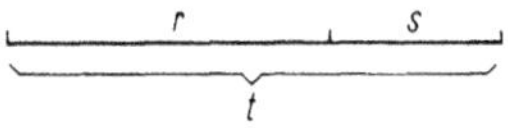

Fig. 1.5

Die Länge von t fassen wir als Summe der Längen von r und s auf:

$$|t| = |r| + |s|$$

Definition 1.3 s_1 bzw. s_2 seien Repräsentanten der Längen $\ell_1 = |s_1|$ und $\ell_2 = |s_2|$. Wenn s_1 und s_2 zu einem neuen Repräsentanten s aneinandergefügt werden, dann nennt man die Länge ℓ von s die S u m m e von ℓ_1 und ℓ_2

$$\ell = |s| = |s_1| + |s_2| = \ell_1 + \ell_2$$

Bemerkung Die soeben erklärte Addition von Längen findet wiederum ihr Analogon in der Vereinigung disjunkter Mengen zur Definition der Summe von Kardinalzahlen.

Des weiteren können wir durch Zurückgehen auf Repräsentanten unmittelbar das Kommutativ- und das Assoziativgesetz der Addition von Längen bestätigen.

Für beliebige Längen ℓ_1, ℓ_2 und ℓ_3 gilt

$$\ell_1 + \ell_2 = \ell_2 + \ell_1$$

$$\ell_1 + (\ell_2 + \ell_3) = (\ell_1 + \ell_2) + \ell_3$$

Durch den Rückgriff auf Repräsentanten können wir eine Subtraktion für Längen einführen. Von der in Fig. 1.6 gezeichneten Strecke r mit $|r| = 9$ cm trennen wir eine Strecke s der Länge $|s| = 6$ cm ab. Die entstehende Reststrecke t hat die Länge $|t| = 3$ cm.

Die Länge des Stabes t bezeichnen wir als Differenz der Längen von r und s und schreiben dafür

$$|t| = |r| - |s|$$

Offensichtlich kann von der Strecke r nur dann eine Strecke s abgetrennt werden, wenn $|s| < |r|$ ist.

Definition 1.4 ℓ_1 und ℓ_2 seien Längen mit $\ell_2 < \ell_1$. Wird von einem Repräsentanten s_1 der Länge $|s_1| = \ell_1$ ein Repräsentant s_2 der Länge $|s_2| = \ell_2$ abgetrennt, dann nennt man die Länge ℓ_3 des übrigbleibenden Repräsentanten s_3 *Differenz* von ℓ_1 und ℓ_2.

$$\ell_3 = |s_3| = |s_1| - |s_2| = \ell_1 - \ell_2$$

Bemerkung Auch hier besteht die Analogie zur Erklärung der Differenz von Kardinalzahlen über die Restmengenbildung.

Setzt man n Strecken der Länge ℓ zu einer neuen Strecke s aneinander, dann hat diese die Länge $|s| = n \cdot \ell$ (vgl. Fig. 1.7)

$$|s_1| = |s_2| = |s_3| = \ldots = |s_n| = \ell$$

$$|s| = n \cdot \ell = \underbrace{\ell + \ell + \ell + \ldots + \ell}_{\text{n-mal}}$$

Diese wiederholte Addition gleicher Längen wird *Vervielfachung* genannt.

Fig. 1.6

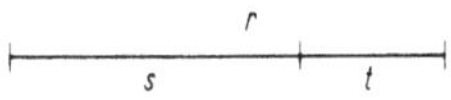

Fig. 1.7

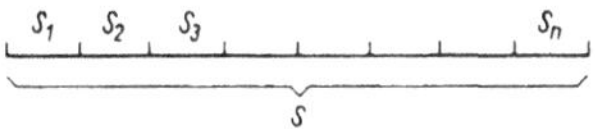

Definition 1.5 Sei n eine natürliche Zahl und ℓ eine beliebige Länge. Unter dem *n-fachen der Länge* ℓ versteht man die n-fache Summe $\ell + \ell + \ell + \ldots + \ell$

$$n \cdot \ell = \underbrace{\ell + \ell + \ell + \ldots + \ell}_{\text{n-mal}}$$

Man erhält einen Repräsentanten für die Länge $n \cdot \ell$, indem n Stäbe, die jeweils die Länge ℓ haben, aneinandergesetzt werden.

In dem *Produkt* $n \cdot \ell$ ist die natürliche Zahl n der Multiplikator, die Länge ℓ der Multiplikand.

Ähnlich wie die Division als Umkehrung der Multiplikation natürlicher Zahlen in zwei Formen – dem Verteilen und dem Aufteilen – auftritt, kann bei gegebenem Produkt $n \cdot \ell$ einmal nach dem Multiplikanden ℓ, zum anderen nach dem Multiplikator n gefragt werden. Im ersten Fall spricht man vom *Verteilen*, im letzteren Fall vom *Aufteilen*.

Auf der Ebene der Repräsentanten bedeutet das Verteilen, einen Stab s in n gleichlange Stäbe zu zerlegen.

Das aus der Geometrie bekannte Konstruktionsverfahren ist in Fig. 1.8 für eine Strecke s mit $\ell = |s| = 8$ cm und $n = 5$ dargestellt. Diese Konstruktion ist für beliebige Strecken und jedes $n \in \mathbf{N}$ ausführbar.

A **Definition 1.6** Eine Länge ℓ wird durch die natürliche Zahl n dividiert, indem ein Repräsentant s mit $|s| = \ell$ in n gleichlange Stäbe bzw. Teilstrecken s_i, $i = 1, 2, \ldots, n$, geteilt wird. Diesen Vorgang nennt man *Verteilen* und schreibt für die Länge der Teilstrecken

$$|s_i| = \ell : n \qquad \text{oder} \qquad |s_i| = \frac{\ell}{n}$$

Da für jede Länge ℓ und jede natürliche Zahl n ein Repräsentant für $\ell : n$ existiert, sagt man, daß der Größenbereich der Längen die *Teilbarkeitseigenschaft* besitzt. Demgegenüber besitzt der Größenbereich der Geldwerte diese Eigenschaft nicht. Denn es gibt z. B. keine Münzen, mit denen der Geldwert 2 DM : 6 repräsentiert werden kann.

Zum Aufteilen Gegeben seien die Stäbe r und s mit $|r| < |s|$. Wenn es möglich ist, zu r gleichlange Stäbe $s_1, s_2, \ldots, s_n$ zu finden, so daß die n aneinandergelegten Stäbe s_i genau so lang sind wie s, dann sagt man, daß s mit Hilfe von r gemessen werden kann, oder, daß es möglich ist, s in n Stäbe der Länge $|r|$ aufzuteilen (vgl. Fig. 1.9).

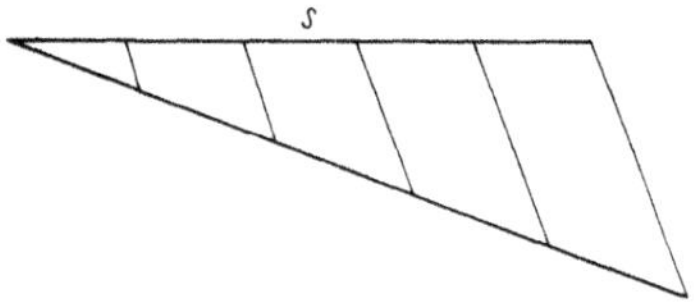

Fig. 1.8

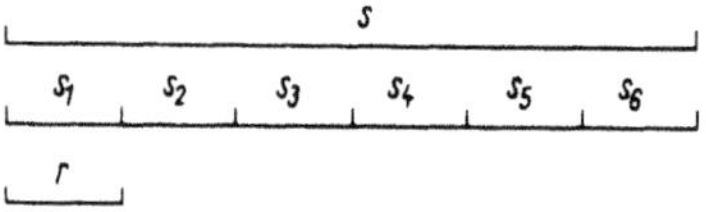

Fig. 1.9

In diesem Beispiel ist die Strecke s 6mal so lang wie die Strecke r.

Im allgemeinen wird es nicht möglich sein, zu gegebenen r und s eine natürliche Zahl n zu finden, so daß $|s| = n \cdot |r|$ ist.

Definition 1.7 Eine Länge ℓ ist durch die Länge ℓ_1 *dividierbar*, wenn es zu zwei Repräsentanten s und s_1 mit $|s| = \ell$ und $|s_1| = \ell_1$ eine natürliche Zahl n gibt, so daß gilt $|s| = n \cdot |s_1|$.
Diesen Vorgang nennt man *Aufteilen* oder *Messen* und schreibt

$$n = \ell : \ell_1 \qquad \text{oder} \qquad n = \frac{\ell}{\ell_1} \qquad \text{oder auch} \qquad n = \ell \div \ell_1$$

Das Aufteilen ist nur dann möglich, wenn ℓ natürliches Vielfaches von ℓ_1 ist.

1.1.1.3 Andere Größenbereiche Abgesehen von geringen Abweichungen können die zuvor bei den Längen gewonnenen Ergebnisse auf andere Größenbereiche übertragen werden. Für Gewichte, Zeitspannen, Geldwerte, Flächen- und Rauminhalte wollen wir die charakteristischen Begriffe in der folgenden Tabelle zusammenstellen und uns im Anschluß daran auf einzelne gezielte Hinweise beschränken.

A

Größen	Gewichte	Zeitspannen	Geldwerte	Flächeninhalte	Rauminhalte
Repräsentanten	Gegenstände, physikalische Körper	Vorgänge, Abläufe	Münzen, Geldscheine	Flächen Platten	Hohlkörper, geometrische Körper
Relationsvorschrift zur Klassenbildung	ist ebenso schwer wie	dauert ebenso lange wie	hat den gleichen Wert wie	ist inhaltsgleich (zerlegungsgleich) zu	ist inhaltsgleich zu
Ausgezeichnete Größen	1 t, 1 kg, 1 g, 1 mg	1 Jahr, 1 Monat, 1 Woche, 1 Tag, 1 Stunde, 1 min 1 s	1 DM, 1 Pf	1 km^2, 1 ha, 1 a, 1 m^2, 1 dm^2, 1 cm^2, 1 mm^2	1 m^3, 1 dm^3, 1 cm^3, 1 mm^3, 1 hℓ, 1 ℓ
Relationsvorschrift zur Ordnung der Repräsentanten	ist leichter als	dauert kürzer als	ist weniger wert als	hat weniger Fläche als	hat weniger Raum als
Summe zweier Größen $g_1 + g_2$	Zusammensetzen zweier Körper mit den Gewichten g_1 und g_2	Zusammensetzen zweier Vorgänge mit den Dauern g_1 und g_2	Zusammenfassen zweier Mengen von Münzen oder Geldscheinen mit den Werten g_1 und g_2	Zusammenfügen zweier Flächen mit den Inhalten g_1 und g_2	Zusammensetzen zweier Körper mit den Inhalten g_1 und g_2
Differenz zweier Größen $g_1 - g_2$	Abtrennen eines Körpers mit dem Gewicht g_2 von einem Körper mit dem Gewicht g_1	Abtrennen eines Vorgangs der Dauer g_2 von einem Vorgang der Dauer g_1	Wegnehmen einer Menge von Münzen oder Geldscheinen mit dem Wert g_2 von einer Menge mit dem Wert g_1	Abtrennen einer Fläche mit dem Inhalt g_2 von einer Fläche mit dem Inhalt g_1	Abtrennen eines Körpers mit dem Inhalt g_2 von einem Körper mit dem Inhalt g_1
Verteilen g : n	Zerlegen eines Körpers mit dem Gewicht g in n gleichschwere Körper	Zerlegen eines Vorgangs der Dauer g in n gleichlang dauernde Vorgänge	Falls möglich: Zerlegen einer Menge von Münzen oder Geldscheinen mit dem Wert g in n Mengen mit gleichem Wert	Zerlegen einer Fläche mit dem Inhalt g in n Flächen mit gleichem Inhalt	Zerlegen eines Körpers mit dem Inhalt g in n Körper mit gleichem Inhalt

A

Größen	Gewichte	Zeitspannen	Geldwerte	Flächeninhalte	Rauminhalte
Aufteilen $g_1 : g_2$	Falls möglich: Einteilen eines Körpers mit dem Gewicht g_1 in gleichschwere Körper mit den Gewichten g_2	Falls möglich: Einteilen eines Vorgangs der Dauer g_1 in gleichlange dauernde Vorgänge mit den Dauern g_2	Falls möglich: Einteilen einer Menge von Münzen oder Geldscheinen mit dem Wert g_1 in Mengen, die jeweils den Wert g_2 haben	Falls möglich: Einteilen einer Fläche mit dem Inhalt g_1 in Flächen, die jeweils den Inhalt g_2 haben	Falls möglich: Einteilen eines Körpers mit dem Inhalt g_1 in Körper, die jeweils den Inhalt g_2 haben

Wir haben uns dem Sprachgebrauch des täglichen Lebens angeschlossen, der auch in neueren Mathematikbüchern für den Schulunterricht aufgegriffen wird, indem wir für die in der Physik mit M a s s e bezeichnete Größe den Namen G e w i c h t verwenden.

Die Repräsentanten für Zeitspannen sind im Gegensatz zu den anderen betrachteten Größen keine Gegenstände, sondern Vorgänge. Darum wählt man zur Darstellung von Zeitspannen sog. Z e i t s t r e c k e n , auf denen Zeitpunkte markiert werden.

Da das 1-Pf-Stück die kleinste bei uns verwendete Münze ist, kann das Verteilen bei Geldwerten nicht unbeschränkt ausgeführt werden. Z. B. gibt es für den Geldwert $\frac{1}{5}$ Pf keinen Repräsentanten. Demgegenüber können Repräsentanten für die anderen Größen – zumindest in Gedanken – beliebig unterteilt werden.

Beim Inhaltsvergleich von Flächen beschränkt man sich gewöhnlich auf geradlinig begrenzte ebene Flächenstücke (vgl. Fig. 1.10).

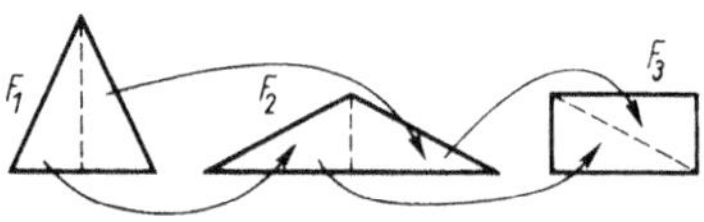

Fig. 1.10

Die drei dargestellten Flächen F_1, F_2 und F_3 sind alle inhaltsgleich, weil sie jeweils in zwei (i. allg. endlich viele) deckungsgleiche Teilflächen zerlegt werden können, so daß mit den Teilen die Ausgangsflächen F_1, F_2 bzw. F_3 lückenlos überdeckt werden können. In solchen Fällen spricht man von Z e r l e g u n g s g l e i c h h e i t.

Da die Zerlegungsgleichheit nicht allgemein von der Ebene auf den Raum übertragen werden kann (Satz von H i l b e r t - D e h n), beschränkt man sich beim Volumenvergleich auf ganz spezielle Körper wie Quader oder verwendet Hohlkörper, die zum Inhaltsvergleich mit Flüssigkeiten oder Sand gefüllt werden können.

B

1.1.2 Die Struktur von Größenbereichen

In Abschn. 1.1.1 haben wir Beispiele für Größenbereiche betrachtet. Die verschiedenen Größenarten wie Längen, Gewichte usw. haben wir mit Hilfe von Äquivalenzrelationen in Mengen konkreter Gegenstände erklärt. Auch die Eigenschaften von Größenbereichen haben wir vorwiegend durch Zurückgehen auf Repräsentanten erläutert.

Jetzt werden wir ohne den Rückgriff auf konkrete Gegenstände, sondern durch die Angabe einiger Grundforderungen festlegen, was unter einem Größenbereich zu verstehen ist.

Definition 1.8 Gegeben sei eine nicht leere Menge G, für deren Elemente eine Addition „+" derart erklärt ist, daß je zwei Elementen $a, b \in G$ genau ein Element $a + b \in G$ zugeordnet ist. Des weiteren sei in G eine Kleinerrelation „<" erklärt, so daß für je zwei Elemente $a, b \in G$ entscheidbar ist, ob $a < b$ gilt oder nicht.

Das Gebilde $(G, +, <)$ heißt ein G r ö ß e n b e r e i c h, wenn folgende Forderungen erfüllt sind:

a) Für die Addition gilt das K o m m u t a t i v g e s e t z

$$a + b = b + a \qquad \text{für alle } a, b \in G.$$

b) Für die Addition gilt das A s s o z i a t i v g e s e t z

$$(a + b) + c = a + (b + c) \qquad \text{für alle } a, b, c \in G.$$

c) Das T r i c h o t o m i e g e s e t z ist erfüllt: Für beliebige $a, b \in G$ gilt entweder

$$a < b \qquad \text{oder} \qquad a = b \qquad \text{oder} \qquad b < a.$$

d) Die Gleichung $a + x = b$ ist in G genau dann l ö s b a r, wenn $a < b$ ist.

Aus diesen Axiomen können weitere Folgerungen gezogen werden. Beispielhaft wollen wir das Monotoniegesetz der Addition beweisen. Im Aufgabenteil sind weitere Behauptungen zusammengestellt.

Satz 1.1 Aus $a < b$ folgt $a + c < b + c$ mit $a, b, c \in G$.

B e w e i s. Wegen $a < b$ ist nach Definition 1.8d die Gleichung $a + x = b$ lösbar. Durch Addition von c folgt:

$$(a + x) + c = b + c$$

Für die linke Seite gilt

$$\begin{aligned}(a + x) + c &= a + (x + c) && \text{wegen Definition 1.8 b}\\ &= a + (c + x) && \text{wegen Definition 1.8 a}\\ &= (a + c) + x && \text{wegen Definition 1.8 b}\end{aligned}$$

also $\quad (a + c) + x = b + c$

Wegen Definition 1.8 d folgt daraus

$$a + c < b + c$$

B Die Vervielfachung von Größen führen wir durch eine rekursive Definition auf die Addition zurück.

Definition 1.9 Seien $a \in G$ und $n \in \mathbb{N}$. Dann setzen wir

$$1 \cdot a = a \qquad \text{und} \qquad (n+1) \cdot a = n \cdot a + a$$

Damit ist der Ausdruck $n \cdot a$ für alle $a \in G$ und alle $n \in \mathbb{N}$ erklärt.

Beispiel

$$2 \cdot a = (1+1) \cdot a = 1 \cdot a + a = a + a$$

$$3 \cdot a = (2+1) \cdot a = 2 \cdot a + a$$

$$= (a+a) + a = a + a + a \text{ usw.}$$

Im Aufgabenteil finden sich weitere Regeln für die Vervielfachung, die mit Hilfe der Grundforderungen in Definition 1.8 ableitbar sind.

Als weitere Operation können wir das *Verteilen* in G erklären.

Definition 1.10 Für alle $a \in G$ und $n \in \mathbb{N}$ versteht man unter $a : n$ die Größe $x \in G$ für die gilt $n \cdot x = a$.

Falls es zu jedem $a \in G$ und jedem $n \in \mathbb{N}$ mindestens eine Größe $a : n$ aus G gibt, dann besitzt der Größenbereich G die *Teilbarkeitseigenschaft*.

Als einziges Beispiel für einen Größenbereich, der die Teilbarkeitseigenschaft nicht besitzt, haben wir den Größenbereich der Geldwerte kennengelernt. Für Geldwerte gibt es ein kleinstes Element, nämlich 1 Pf. Zwischen der Existenz eines kleinsten Elements und der Teilbarkeitseigenschaft besteht folgender Zusammenhang:

Satz 1.2 In einem Größenbereich G mit Teilbarkeitseigenschaft gibt es kein kleinstes Element.

Beweis. Annahme, e sei kleinstes Element in G. Wegen der Teilbarkeitseigenschaft ist die Gleichung $2 \cdot x = x + x = e$ in G lösbar.

Daraus folgt nach Definition 1.8d: $x < e$. Also kann e nicht kleinstes Element in G sein.

In den Größenbereichen der Längen, Gewichte, Zeitspannen, Geldwerte, Flächen- und Rauminhalten haben wir konkrete Modelle kennengelernt, in denen die Forderungen a) bis d) der Definition 1.8 erfüllt sind. Während das Vervielfachen in allen Größenbereichen ausführbar ist, kann das Verteilen im Größenbereich der Geldwerte nicht unbeschränkt durchgeführt werden.

C

1.1.3 Didaktische Anmerkungen zur Behandlung von Größenbereichen

Im Mathematikunterricht wird dem Umgang mit Größen im sog. *Sachrechnen* breiter Raum eingeräumt. Bei der quantitativen Fassung und Umsetzung anwendungsbezogener Aufgaben in die mathematische Sprache nimmt der Größenbegriff eine zentrale Stellung ein. Bereits in der Grundschule werden die Größenbereiche der Geldwerte,

Längen, Gewichte und Zeitspannen in propädeutischer Form behandelt. In den folgenden Schuljahren wird ihre Behandlung vertieft und durch Hinzunahme von Flächen- und Rauminhalten erweitert.

Der *Größenbegriff* wird von Grundschulkindern analog zum *Kardinalzahlbegriff* gebildet. Gerade deswegen wird das Rechnen mit natürlichen Zahlen häufig durch das Operieren mit Stäben anschaulich unterstützt. Dieser Umgang mit Stäben ist eine Darstellung des Rechnens im Größenbereich der Längen. Wegen der Beschränkung auf ganzzahlige Längen wie bei den Cuisenairstäben, Farbigen Stäben, dem Kernschen Rechenkasten entspricht dieses Operieren dem Rechnen mit natürlichen Zahlen.

Ähnlich wie in Abschn. 1.1.1.2 kann im Unterricht bei der Behandlung der Längen verdeutlicht werden, wie der Größenbegriff gebildet wird. Dabei steht für Kinder naturgemäß der unmittelbare Vergleich von Gegenständen im Vordergrund.

Dabei kann es z. B. zu folgenden Sprechweisen kommen:

„Der Zeigestock ist kürzer als das Sprungseil."
„Ute ist genau so groß wie Bodo."
„Die Tischkante ist etwas länger als die Türbreite."

Beim Vergleich von Kindern einer Klasse bezüglich ihrer Körpergröße kann es zu sog. *Halbordnungen* kommen. In Fig. 1.11 haben wir ein mögliches Ordnungsdiagramm dargestellt. Dabei gilt: Horst ist am größten, Dagmar am kleinsten. Gleichgroße Kinder sind auf gleicher Höhe nebeneinander angeordnet. Die *Äquivalenzklassen* sind die *Stockwerke* des Gebäudes von Fig. 1.11. Von den sechs Stockwerken ist eines doppelt, ein anderes dreifach besetzt.

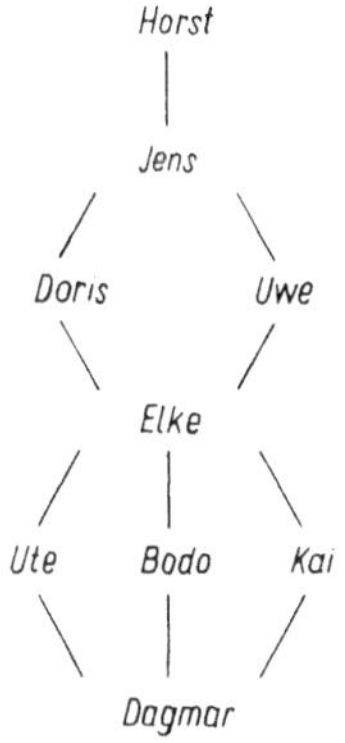

Fig. 1.11

Wenn Gegenstände, die bezüglich ihrer Länge verglichen werden sollen, nicht mehr direkt aufeinandergelegt oder nebeneinandergestellt werden können, dann müssen Vergleichsgegenstände benutzt werden. Zunächst sollten *mehrere* gleichlange Vergleichsstäbe aneinander gelegt werden, erst dann sollte mit *einem* Gegenstand gemessen werden.

Beispiel „Entlang der Tischbreite können 7 Kreidestücke gelegt werden."
„Die Fensterbank ist etwas länger als 10 Buntstifte."

C „Auf dem Flur kann der Zeigestock 14mal hintereinander angelegt werden."
„Das Pult ist so breit wie 8 Handspannen von Martin."

In einer weiteren Phase erfolgt der Übergang zu genormten Einheiten. Dadurch wird die zwischenmenschliche Verständigung erleichtert. Es heißt dann:

„Die Tür ist 2 m hoch."
„Das Klassenzimmer ist 11 m lang."

Auf einer letzten Stufe werden weitere Einheiten eingeführt, indem z. B. ein Meterstab in 10 gleich lange Stäbe unterteilt wird usw. Dadurch wird es möglich, auch kleine Längen anzugeben.

Beispiel „Das Kreidestück ist 9 cm lang."
„Der Tisch ist 6 dm 5 cm hoch."

Da die unterrichtliche Behandlung der anderen Größen ähnlich wie bei Längen erfolgt, wollen wir uns hier auf wenige Bemerkungen beschränken.
Beim Umgang mit Geldwerten stehen am Anfang sog. Tauschübungen, um zu unterstreichen, daß derselbe Geldwert durch verschiedene Münzen dargestellt werden kann.

Fig. 1.12

In Fig. 1.12 hängt der Geldwert nicht von der Anzahl der Geldstücke ab, da man für ein 10-Pf-Stück ebensoviel einkaufen kann wie für ein 5-Pf-Stück, zwei 2-Pf-Stücke und ein 1-Pf-Stück zusammen.

Beim Rechnen mit Zeiten ist auf die Unterscheidung zwischen Zeitpunkten und Zeitspannen zu achten. Nur Zeitspannen sind Größen. Ein Zeitpunkt ist ein festes Datum, wie etwa der 10. August 1974, 14.20 Uhr M E Z. Zeitspannen ergeben sich als Differenzen zweier Zeitpunkte.

Die Stufe des direkten Gewichtsvergleichs von Körpern kann weiter differenziert werden:

1. Man schätzt, welcher Gegenstand der schwerere ist.
2. Man nimmt zwei Gegenstände in die Hände und vergleicht deren Gewichte.
3. Auf jede Waagschale einer Balkenwaage wird jeweils ein Gegenstand gelegt.

An den direkten Vergleich auf der Balkenwaage schließt sich die Phase des Abwiegens an. Dabei werden zunächst willkürlich gewählte Vergleichskörper, später die Gewichtsstücke aus einem Wägesatz verwendet.

Im Zusammenhang der Behandlung der sog. abgeleiteten Größen wie Flächen- und Rauminhalten ist auf die genaue sprachliche Unterscheidung zwischen Größen und ihren Repräsentanten zu achten.

Zum Auslegen einer Fläche können z. B. Quadrate mit der Seitenlänge 1 dm verwendet werden. Solch ein Quadrat wird Dezimeterquadrat genannt. Sein

Flächeninhalt ist 1 dm^2 (gesprochen: Quadratdezimeter). Entsprechend ist ein Zentimeterwürfel ein Würfel mit der Kantenlänge 1 cm und dem Volumen 1 cm^3 usw. C

Die Berechnung von Rechteckflächen oder Quadern sollte keinesfalls über das Produkt von Seitenlängen erfolgen, sondern nach einer breiten Phase von Auslegeübungen zu etwa folgender Formel führen (vgl. Fig. 1.13):

Flächeninhalt einer Rechteckfläche

= Flächeninhalt eines Streifens · Anzahl der Streifen.

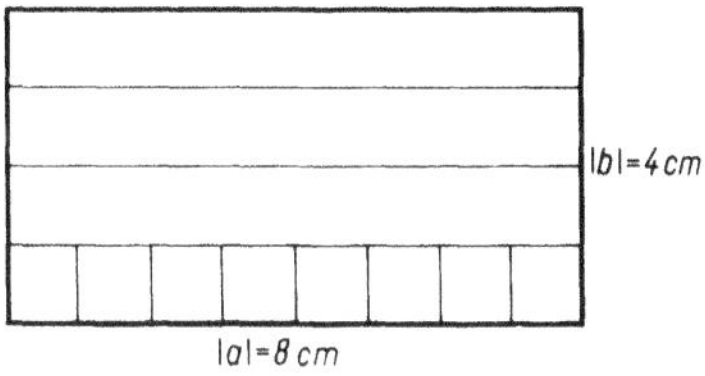

Fig. 1.13

Der Grundstreifen kann mit 8 Zentimeterquadraten lückenlos überdeckt werden. Sein Flächeninhalt ist deshalb 8 cm^2. Vier solcher Streifen sind zur Überdeckung der Rechteckfläche erforderlich. Darum ist deren Flächeninhalt

$$A = 4 \cdot 8\ cm^2 = 32\ cm^2$$

Erst auf einer späteren Stufe wird der Flächeninhalt eines Rechtecks über das „Produkt" der Seitenlängen berechnet:

$$A_{Rechteck} = |a| \cdot |b|$$

Entsprechendes gilt für die Volumenberechnung (vgl. Aufgabe 1.11).

Von den Eigenschaften eines Größenbereichs kann man besonders die Bedeutung des Kommutativ- und des Assoziativgesetzes der Addition hervorheben, indem den Schülern gezeigt wird, daß sie diese Regeln zum Ausnutzen von Rechenvorteilen verwenden können.

Beispiel

83 DM + 156 DM + 37 DM + 64 DM

= 83 DM + (156 DM + 37 DM) + 64 DM Assoziativgesetz

= 83 DM + (37 DM + 156 DM) + 64 DM Kommutativgesetz

= (83 DM + 37 DM) + (156 DM + 64 DM) Assoziativgesetz

= 120 DM + 220 DM = 340 DM

Normalerweise werden diese Gesetze automatisch zum vorteilhaften Rechnen benutzt. In diesem Zusammenhang können sie den Schülern bewußt gemacht werden.

Bemerkung Eine ausführliche Darstellung der Thematik von Abschn. 1.1 finden Sie in [15].

B **Aufgaben**

1.1 a) Vergleichen Sie die in Fig. 1.14 dargestellten Strecken bezüglich ihrer Länge und fertigen Sie das zugehörige Ordnungsdiagramm an.

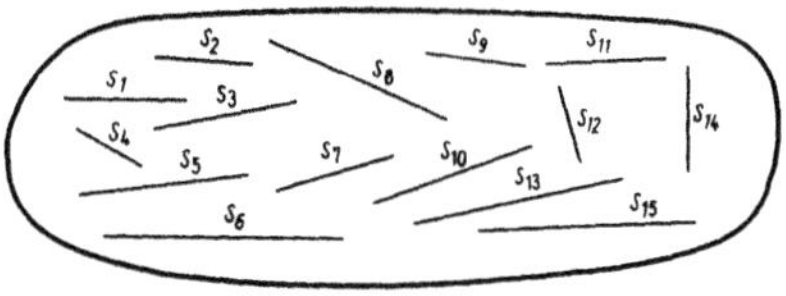

Fig. 1.14

b) Zeichnen Sie ein Ordnungsdiagramm für die folgende Menge von Gewichten bezüglich der Relationsvorschrift „x > y“
1 kg 200 g; 75 g; 1 200 mg; 500 g; 75 000 mg; 1 200 g; 6 kg; 1 g 200 mg; 0,5 kg; 40 g; 6 000 g; 60 mg

1.2 Zerlegen Sie die Rechteckfläche in Fig. 1.15 ohne Benutzung eines Maßstabes in 6 deckungsgleiche Teilrechtecke.

Fig. 1.15

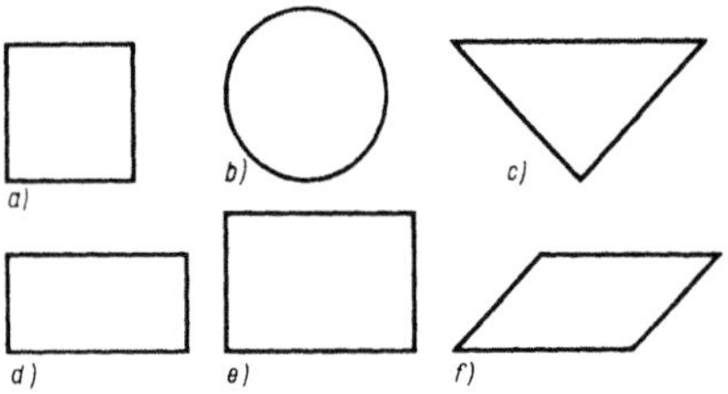

Fig. 1.16

1.3 Entscheiden Sie, welche der in Fig. 1.16 dargestellten Flächen zerlegungsgleich sind.

1.4 Auf wie viele verschiedene Arten können Sie den Geldwert 8 Pf mit Münzen darstellen?

1.5 Entscheiden Sie, ob jeder in unserer Währung durch Münzen oder Geldscheine darstellbare Geldwert eindeutig durch eine minimale Anzahl von Geldstücken oder -scheinen repräsentiert werden kann. Versuchen Sie, ihre Antwort zu begründen.

1.6 Diskutieren Sie den Wägevorgang, wie Sie mit einer Balkenwaage drei Körper K_1, K_2 und K_3 möglichst rasch nach steigendem Gewicht anordnen können.

1.7 Skizzieren Sie einen Umfüllversuch, um drei Gefäße G_1, G_2 und G_3 bezüglich ihrer Rauminhalte zu vergleichen.

1.8 Lösen Sie – falls möglich – folgende Aufgaben zum Verteilen.

a) $24 \cdot x = 6$ m	d) $75 \cdot x = 9$ kg
b) $30 \cdot x = 4$ DM 50 Pf	e) $8 \cdot x = 5$ DM
c) $5 \cdot x = 8$ min	f) $25 \cdot x = 4$ Tage

B

1.9 Entscheiden Sie, welche der folgenden Aufgaben zum Aufteilen lösbar sind.

a) $x \cdot 15\ \text{cm} = 2\ \text{m}$
b) $x \cdot 2\ \text{DM} = 900\ \text{Pf}$
c) $x \cdot 45\ \text{s} = 1\ \text{Std}$
d) $x \cdot 6\ \text{mg} = 40\ \text{g}$
e) $x \cdot 110\ \text{dm}^3 = 143\ \text{hl}$
f) $x \cdot 12\ \text{m} = 5\ \text{km}$

1.10 Beschreiben Sie, wie durch drei Wägungen auf einer Balkenwaage entschieden werden kann,

a) welcher von 12 gleich aussehenden Gegenständen der leichtere ist, wenn 11 Gegenstände gleich schwer sind.

* b) welcher von 12 gleich aussehenden Gegenständen ein abweichendes Gewicht hat, wenn 11 Gegenstände gleich schwer sind.

1.11 Wie lauten die zur Rechteckfläche analogen Formeln zur Volumenberechnung eines Quaders?

1.12 Entscheiden Sie, in welchen Zahlenmengen die Axiome eines Größenbereichs erfüllt sind.

a) $\mathbf{N} = \{1, 2, 3, \ldots\}$
b) $\mathbf{N}_0 = \{0, 1, 2, \ldots\}$
c) $\mathbf{G} = \{2, 4, 6, \ldots\}$
d) $\mathbf{U} = \{1, 3, 5, \ldots\}$
e) $\mathbf{N} \setminus \{1\} = \{2, 3, 4, \ldots\}$
f) $\mathbf{D} = \{3, 6, 9, \ldots\}$

1.13 Welche der Größenbereiche aus Aufgabe 1.12 besitzen die Teilbarkeitseigenschaft? Begründung!

1.14 Weisen Sie nach, daß in einem Größenbereich folgende Regeln gelten:

a) $(a + b + c) + d = a + (b + c + d)$

b) $a + b + c = c + b + a$

c) Aus $a < b$ und $b < c$ folgt $a < c$ (Transitivität der Kleinerrelation)

d) Aus $a + c < b + c$ folgt $a < b$ und umgekehrt.

e) Für $a < b$ hat die Gleichung $a + x = b$ genau eine Lösung.

1.15 Beweisen Sie folgende Gesetze: $a, b \in G$; $n, m \in \mathbf{N}$.

* a) $(m + n) \cdot a = m \cdot a + n \cdot a$

* b) $n \cdot (a + b) = n \cdot a + n \cdot b$

* c) $n \cdot (m \cdot a) = (n \cdot m) \cdot a$

* d) Es ist $n \cdot a < n \cdot b$ genau dann, wenn $a < b$ ist.

e) Aus $n \cdot a = n \cdot b$ folgt $a = b$.

f) Es ist $m \cdot a < n \cdot a$ genau dann, wenn $m < n$ ist.

g) Aus $n \cdot a = m \cdot a$ folgt $n = m$.

1.16 Beweisen Sie, daß es in jedem Größenbereich mit Teilbarkeitseigenschaft zu je zwei Elementen a, b mit $a < b$ stets ein Zwischenelement c gibt, so daß $a < c < b$ gilt.

1.2 Die Einführung von Bruchzahlen über Größenbereiche

A

1.2.1 Auslegen kommensurabler Strecken

In Aufgabe 1.12a haben wir uns davon überzeugt, daß die Menge der natürlichen Zahlen **N** auch einen Größenbereich bildet. Jedoch besitzt diese Menge nicht die Teilbarkeitseigenschaft (Aufgabe 1.13).

Im Gegensatz dazu hat der Größenbereich der Längen die Teilbarkeitseigenschaft, d.h., zu jeder Länge ℓ und jeder natürlichen Zahl n gibt es die Länge $\ell : n$ (vgl. Fig. 1.8).

Demgegenüber ist der Vorgang des Aufteilens im Größenbereich der Längen nicht unbeschränkt ausführbar, d.h., zu zwei Längen ℓ_1 und ℓ_2 mit $\ell_1 < \ell_2$ muß es nicht immer eine natürliche Zahl n geben, so daß $\ell_2 : \ell_1 = n$ oder $n \cdot \ell_1 = \ell_2$ gilt (vgl. Abschn. 1.1.1.2). Falls das Aufteilen ausführbar ist, dann kann eine Strecke s_1 ganzzahlig oft auf einer Strecke s_2 abgetragen werden.

Für das Folgende interessieren wir uns für den Fall, daß eine Strecke t nicht nur ganzzahlig oft in eine Strecke r, sondern auch noch ganzzahlig oft in eine Strecke s hineinpaßt. Es soll also möglich sein, zu gegebenen Strecken r und s mit den Längen $|r|$ bzw. $|s|$ eine Strecke t der Länge $|t|$ zu finden, daß gilt: $|r| = n \cdot |t|$ und $|s| = m \cdot |t|$ mit m, $n \in \mathbf{N}$. In diesem Fall nennen wir die Strecken r und s k o m m e n s u r a b e l. (Sie besitzen ein gemeinsames Maß.)

Definition 1.11 Zwei Strecken r und s heißen k o m m e n s u r a b e l, wenn es eine Strecke t gibt, so daß r mit n Strecken der Länge $|t|$ und s mit m Strecken der Länge $|t|$ genau überdeckt werden können.

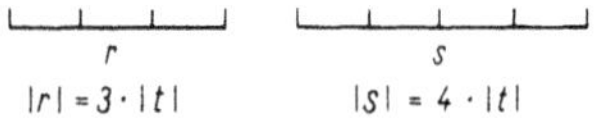

Fig. 1.17

Z. B. kann in Fig. 1.17 die Strecke r mit 3 gleichlangen Strecken der Länge $|t|$ ausgelegt werden. Für die Strecke s werden 4 Strecken benötigt, die jeweils die Länge $|t|$ haben.

Wenn wir 4 zu r gleichlange Strecken aneinanderlegen, dann erhalten wir eine Strecke, die ebenso lang ist wie die Strecke, die entsteht, wenn 3 zu s gleichlange Strecken aneinandergelegt werden; denn beide Strecken entstehen ja durch Aneinanderlegen von $4 \cdot 3$ Strecken, die alle die Länge $|t|$ haben (vgl. Fig. 1.18).

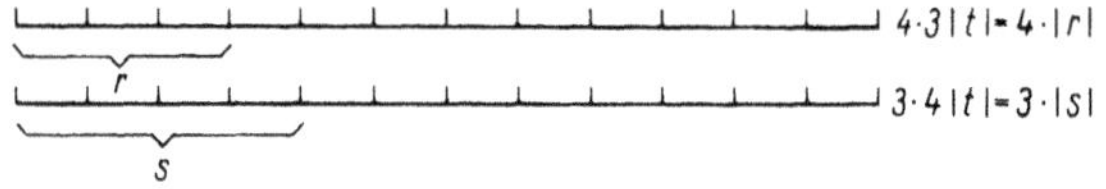

Fig. 1.18

In unserem Beispiel gilt somit

$$4 \cdot |r| = 3 \cdot |s|$$

Wenn wir die Ergebnisse dieses Beispiels verallgemeinern, dann können wir die Kommensurabilität zweier Strecken auch folgendermaßen formulieren:

Satz 1.3 Zwei Strecken r und s heißen kommensurabel, wenn es natürliche Zahlen m und n gibt, so daß gilt: A

$$m \cdot |r| = n \cdot |s|$$

B e w e i s. Nach Definition gilt

$$r = n \cdot |t| \qquad \text{und} \qquad s = m \cdot |t|$$

Daraus folgt

$$m \cdot |r| = m \cdot n \cdot |t| \qquad \text{und} \qquad n \cdot |s| = n \cdot m \cdot |t|$$

also $\quad m \cdot |r| = n \cdot |s|$

1.2.2 Definition von Bruchzahlen B

Im folgenden sei G stets ein Größenbereich mit Teilbarkeitseigenschaft. Dann gibt es laut Definition zu jeder Größe $a \in G$ und jedem $n \in \mathbf{N}$ mindestens ein $x \in G$, für das $n \cdot x = a$ gilt. Auf Grund der Aufgabe 1.15e existiert höchstens ein solches Element. Infolgedessen gibt es genau ein Element $x = a : n$, das die Gleichung $n \cdot x = a$ erfüllt. Für dieses eindeutig bestimmte Element $a : n$ wird eine neue Bezeichnung eingeführt.

Definition 1.12 Für jedes $a \in G$ und $n \in \mathbf{N}$ versteht man unter $\frac{1}{n} \cdot a$ (gesprochen ein n-tel a) die Größe $x \in G$, für die $n \cdot x = a$ gilt.

Durch die Abbildungsvorschrift „$\frac{1}{n}$" wird jedem $a \in G$ genau ein $a' \in G$ zugeordnet.

Indem wir die Größe $\frac{1}{n} \cdot a$ mit der natürlichen Zahl m vervielfachen, gelangen wir zu der

Definition 1.13 Für jedes $a \in G$ und $m, n \in \mathbf{N}$ versteht man unter $\frac{m}{n} \cdot a$ die Größe $m \cdot \left(\frac{1}{n} \cdot a\right)$. Für $a' = m \cdot \left(\frac{1}{n} \cdot a\right)$ sagt man auch: a' ist das $\frac{m}{n}$-fache (gesprochen : m durch n-fache) von a.

Jedes $a \in G$ wird durch die Vorschrift „$\frac{m}{n}$" auf genau ein $a' \in G$ abgebildet. In dem folgenden Satz werden Aussagen über Zusammenhänge zwischen den Größen a, a' und den natürlichen Zahlen m, n gemacht.

Satz 1.4 Seien $a' = \frac{m}{n} \cdot a$ und $e = \frac{1}{n} \cdot a$. Dann sind die folgenden Aussagen äquivalent.

a) $\quad a = n \cdot e$ und $a' = m \cdot e$

b) $\quad e = \frac{1}{m} \cdot a'$

c) $\quad a = \frac{n}{m} \cdot a'$

B d) $m \cdot a = n \cdot a'$

e) $a' = \frac{1}{n} \cdot (m \cdot a)$

B e w e i s. Zu a) Aus $\frac{1}{n} \cdot a = e$ folgt nach Definition $n \cdot e = a$. Aus $a' = \frac{m}{n} \cdot a$ folgt nach Definition

$$a' = \frac{m}{n} \cdot a = m \cdot \left(\frac{1}{n} \cdot a\right) = m \cdot e$$

Ist umgekehrt $a = n \cdot e$, dann folgt nach Definition

$$e = \frac{1}{n} \cdot a$$

Aus $a' = m \cdot e$ folgt

$$a' = m \cdot \left(\frac{1}{n} \cdot a\right) = \frac{m}{n} \cdot a$$

Zu b) Aus $a' = m \cdot e$ folgt nach Definition $e = \frac{1}{m} \cdot a'$ und umgekehrt.

Zu c) Nach a) ist $a = n \cdot e$. Nach b) gilt $n \cdot e = n \cdot \left(\frac{1}{m} \cdot a'\right)$. Nach Definition folgt

$$n \cdot \left(\frac{1}{m} \cdot a'\right) = \frac{n}{m} \cdot a'$$

also $$a = \frac{n}{m} \cdot a'$$

Durch Umkehrung der Schlüsse folgt

$$e = \frac{1}{n} \cdot a$$

und daraus mit $a' = m \cdot e$ (nach a))

$$a' = m \cdot \left(\frac{1}{n} \cdot a\right) = \frac{m}{n} \cdot a$$

Zu d) Aus $a = n \cdot e$ und $a' = m \cdot e$ folgt unter Verwendung von Aufgabe 1.15c

$$m \cdot a = m \cdot (n \cdot e) = (m \cdot n) \cdot e = (n \cdot m) \cdot e = n \cdot (m \cdot e) = n \cdot a'$$

und umgekehrt.

Zu e) Wegen d) ist a' die eindeutig bestimmte Lösung der Gleichung $n \cdot x = m \cdot a$. Somit ist nach Definition

$$a' = \frac{1}{n} \cdot (m \cdot a)$$

Der Abbildung von G in G und dem in diesem Zusammenhang benutzten Zahlenpaar (m, n) werden in der folgenden Definition besondere Namen gegeben.

Definition 1.14 Das in der Form $\frac{m}{n}$ geschriebene Paar natürlicher Zahlen wird *Bruch* genannt. **B**

Die über dem Größenbereich G erklärte Abbildung

$$\frac{m}{n} : a \to a' = \frac{m}{n} \cdot a$$

heißt *Bruchzahl*.

Bemerkung 1. In der Schreibfigur $\frac{m}{n}$ wird m *Zähler*, n *Nenner* des Bruches genannt. Der Trennstrich zwischen Zähler und Nenner heißt *Bruchstrich*.

2. An Stelle der ausführlichen Formulierung „Die durch den Bruch $\frac{m}{n}$ bezeichnete Bruchzahl" werden wir im folgenden kurz „die Bruchzahl $\frac{m}{n}$" sagen.

Satz 1.5 Die durch die Bruchzahl $\frac{m}{n}$ gegebene Abbildung ist bijektiv.

Beweis. Zu der Abbildung $\frac{m}{n} : a \to a' = \frac{m}{n} \cdot a$ existiert eine eindeutig bestimmte Umkehrabbildung, die nach Satz 1.4c in folgender Form geschrieben werden kann:

$$\frac{n}{m} : a' \to a = \frac{n}{m} \cdot a'$$

Auf Grund der obigen Definition erklärt sich unmittelbar die *Gleichheit von Bruchzahlen*.

Definition 1.15 Zwei Bruchzahlen $\frac{m}{n}$ und $\frac{p}{q}$ sind genau dann *gleich*, d.h. $\frac{m}{n} = \frac{p}{q}$, wenn sie dieselbe Abbildung bewirken.

In dem folgenden Satz wird ausgesagt, daß es genügt, das Bild einer einzigen Größe zu betrachten, um die Gleichheit von Bruchzahlen festzustellen.

Satz 1.6 Zwei Bruchzahlen $\frac{m}{n}$ und $\frac{p}{q}$ sind bereits dann gleich, wenn sie für eine einzige Größe dasselbe Bild erzeugen.

Beweis. Sei $a' = \frac{m}{n} \cdot a$ und $a' = \frac{p}{q} \cdot a$. Nach Satz 1.4d ist dazu gleichwertig

$$n \cdot a' = m \cdot a \quad \text{und} \quad q \cdot a' = p \cdot a$$

und weiter

$$q \cdot (n \cdot a') = q \cdot (m \cdot a) \quad \text{und} \quad n \cdot (q \cdot a') = n \cdot (p \cdot a)$$

oder $(q \cdot n) \cdot a' = (q \cdot m) \cdot a \quad \text{und} \quad (n \cdot q) \cdot a' = (n \cdot p) \cdot a$

oder $(q \cdot m) \cdot a = (n \cdot p) \cdot a$

B schließlich nach Aufgabe 1.15g

$$q \cdot m = n \cdot p$$

Sei b eine beliebige Größe. Die Gleichungen

$$(n \cdot p) \cdot b = (n \cdot q) \cdot x \qquad \text{und} \qquad (m \cdot q) \cdot b = (n \cdot q) \cdot x$$

sind stets eindeutig lösbar. Da $q \cdot m = n \cdot p$ ist, gilt für die jeweilige Lösung b'

$$(n \cdot q) \cdot b' = (n \cdot p) \cdot b$$

Daraus folgt

$$b' = \frac{p}{q} \cdot b$$

Entsprechend

$$(n \cdot q) \cdot b' = (m \cdot q) \cdot b$$

Es folgt

$$b' = \frac{m}{n} \cdot b$$

Somit vermitteln $\frac{m}{n}$ und $\frac{p}{q}$ für jede beliebige Größe b dasselbe Bild.

C

1.2.3 Bruchzahlen als Operatoren

Der konventionelle Zugang zum Bruchrechnen über das Zerlegen und Aneinanderfügen von Kreisscheiben oder Rechteckflächen hat den Nachteil, daß dieses Modell bei der Erklärung der Multiplikation und Division von Bruchzahlen versagt. Insbesondere diese letztere Schwierigkeit kann behoben werden, wenn die Bruchzahlen als Abbildungen gedeutet werden.

In den sog. *Operatoren* begegnen den Schülern die Bruchzahlen in einem anschaulichen Modell. Der besondere Vorteil besteht darin, daß das Rechnen mit Bruchzahlen auf konkrete Handlungsanweisungen zurückgeführt werden kann. Durch den ungezwungenen tätigen Umgang mit Operatoren gelangen die Schüler zu Handlungsvorstellungen, aus denen in einer weiteren Phase das Bruchrechnen abstrahiert wird. Als kindgemäße Realisation der Operatoren bieten sich Maschinen an.

Die *Deutung von Bruchzahlen als Abbildungen* innerhalb eines Größenbereichs kann von praktischen Anwendungen her gedeutet werden. Man sagt z. B.

„$\frac{2}{3}$ der Kinder der Klasse“

oder „die Hälfte der Zeit(spanne)“

oder „$\frac{3}{4}$ der Fläche“ usw.

In jedem Fall wird durch die jeweilige Abbildungsvorschrift einer Größe eines Größenbereichs eine andere Größe desselben Bereichs zugeordnet. **C**

Die Abbildungen in den obigen Beispielen können aus zwei einfacheren Funktionen zusammengesetzt werden, nämlich aus einem Multiplikations- und einem Divisionsteil.

Z. B. kann man $\frac{3}{4}$ von 880 m^2 bestimmen, indem der Flächeninhalt zunächst verdreifacht und dann von dem Zwischenergebnis 2640 m^2 der vierte Teil ermittelt wird.

Das Verdreifachen kann eine · 3 - M a s c h i n e , die Division durch 4 eine : 4-Maschine übernehmen (Fig. 1.19).

Fig. 1.19

Für die · 3-Maschine schreiben wir kurz ⟦· 3⟧ oder ⟦3⟧, für die : 4-Maschine ⟦: 4⟧ oder auch ⟦$\overline{4}$⟧.

Durch „Hintereinanderschalten" können wir diese beiden Maschinen zu einer sog. K o m b i n a t i o n s m a s c h i n e $\frac{3}{4}$ zusammensetzen (Fig. 1.20).

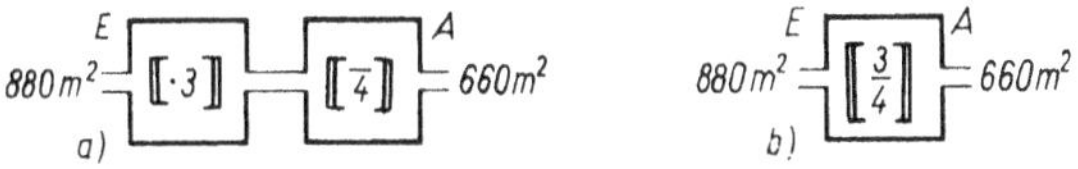

Fig. 1.20

Bevor wir uns den Kombinationsmaschinen, die den Bruchzahlen entsprechen, eingehender zuwenden, wollen wir Multiplikations- und Divisionsmaschinen für sich untersuchen.

Der Maschine ⟦n⟧ mit $n \in \mathbf{N}$ können natürliche Zahlen oder Größen eingegeben werden. Jeweils wird das n-fache der Eingabe ausgegeben. Dabei interessieren wir uns nicht für die spezielle Funktionsweise der Maschine, für uns sind nur Eingabe x, Programmaufschrift · n und Ausgabe y von Interesse. Zur bequemen Notation kann z. B. eine W e r t e t a b e l l e benutzt werden:

⟦n⟧ :

x	1	2	3	4 . . .	x	. . .
y	n	2 · n	3 · n	4 · n . . .	x · n	. . .

Werden eine n- und eine m-Maschine hintereinandergeschaltet, (in Zeichen: ⟦n⟧ ⟦·⟧ ⟦m⟧), dann können wir uns im Unterricht an Beispielen davon überzeugen, daß diese beiden Maschinen durch eine gleichwertige Maschine ersetzt werden können, die jeder Eingabe x die Ausgabe (n · m) · x zuordnet (vgl. Aufgabe 1.15c), also

⟦n⟧ ⟦·⟧ ⟦m⟧ = ⟦n · m⟧

C Des weiteren können zwei Multiplikationsmaschinen $[\![n]\!]$ und $[\![m]\!]$ p a r a l l e l g e s c h a l t e t werden (Zeichen: $[\![n]\!]\ [\![+]\!]\ [\![m]\!]$). Die so geschalteten Maschinen können durch eine gleichwertige Maschine ersetzt werden, die jeder Eingabe x die Ausgabe $(n + m) \cdot x$ zuordnet (vgl. Fig. 1.21 und Aufgabe 1.15a), also

$$[\![n]\!]\ [\![+]\!]\ [\![m]\!] = [\![n + m]\!]$$

Schließlich können Multiplikationsmaschinen bezüglich ihrer Leistung v e r g l i c h e n werden: Eine Maschine $[\![n]\!]$ leistet weniger als eine Maschine $[\![m]\!]$ (Zeichen $[\![n]\!]\ [\![<]\!]\ [\![m]\!]$), wenn für jede Eingabe x die Ausgabe $n \cdot x$ kleiner als die Ausgabe $m \cdot x$ ist (vgl. Aufgabe 1.15 f), also

$$[\![n]\!]\ [\![<]\!]\ [\![m]\!] \text{ genau dann, wenn } n < m \text{ ist.}$$

Wenn wir zu den Multiplikationsmaschinen auch noch die · 0- M a s c h i n e hinzunehmen, die jeder Eingabe die Zahl 0 zuordnet, dann haben wir in der Menge der Multiplikationsmaschinen bezüglich $[\![\cdot]\!]$, $[\![+]\!]$ und $[\![<]\!]$ ein s t r u k t u r g l e i c h e s M o d e l l zur Menge $\mathbf{N}_0$ bezüglich ·, + und <.

Entsprechend können wir jeder natürlichen Zahl n eine Divisionsmaschine $[\![\overline{n}]\!]$ zuordnen. Jedoch können diesen Maschinen nicht mehr beliebige natürliche Zahlen oder Größen eingegeben werden. Z.B. blockiert die : 4-Maschine bei Eingabe von 6 oder 5 Pf usw.

Entstammen die Eingaben für die Maschine $[\![\overline{n}]\!]$ einem Größenbereich mit Teilbarkeitseigenschaft, dann wird jeder Eingabe x der n-te Teil davon als Ausgabe zugeordnet (vgl. Fig. 1.22). Dabei ist es nicht erforderlich, Bruchzahlen zur Benennung der Teile zur Verfügung zu haben.

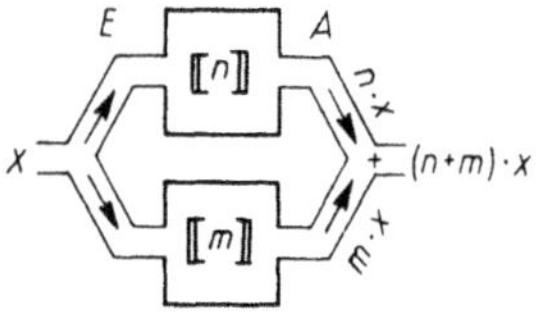

Fig. 1.21

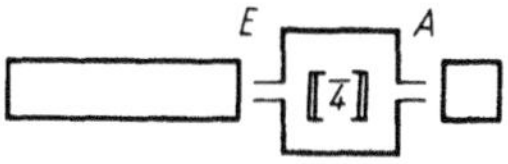

Fig. 1.22

Die Ergebnisse bezüglich Hintereinander- und Parallelschaltung sowie der Leistungsvergleich können von den Multiplikations- sinngemäß auf die Divisionsmaschinen übertragen werden.

> In der Menge der Divisionsmaschinen haben wir bezüglich $[\![\cdot]\!]$, $[\![+]\!]$ und $[\![<]\!]$ ein strukturgleiches Modell zur Menge **N** für ·, + und <.

Bei der Eingabe eines Stabs von 5 cm Länge kann weder eine Multiplikations- noch eine Divisionsmaschine für sich allein einen Stab von 3 cm Länge ausgeben. Dagegen schaffen es die beiden hintereinander geschalteten · 3- und : 5-Maschinen (vgl. sinngemäß Fig. 1.20). Für die Kombinationsmaschine $[\![3]\!]\ [\![\cdot]\!]\ [\![\overline{5}]\!]$ schreiben wir im folgenden kurz $\left[\!\!\left[\frac{3}{5}\right]\!\!\right]$.

Es sei nochmals daran erinnert, daß auch für Kombinationsmaschinen die Eingaben einem Größenbereich mit Teilbarkeitseigenschaft entstammen müssen (vgl. Aufgabe 1.23, 1.24). C

Insbesondere heben sich die hintereinandergeschalteten Maschinen $[\![n]\!]$ und $[\![\overline{n}]\!]$ in ihrer Wirkung auf. Diese Maschinen sind U m k e h r m a s c h i n e n (inverse Maschinen) voneinander. Es ist

$$[\![n]\!]\ [\![\cdot]\!]\ [\![\overline{n}]\!] = [\![\overline{n}]\!]\ [\![\cdot]\!]\ [\![n]\!] = [\![1]\!]$$

Aufgaben B

1.17 Entscheiden Sie, ob folgende Rechteckflächen kommensurabel sind und geben Sie gegebenenfalls ein gemeinsames Maß an.

R_1 : $|a| = 18$ mm, $|b| = 4$ cm

R_2 : $|a| = 3$ dm, $|b| = 16$ cm

R_3 : $|a| = 24$ cm, $|b| = 104$ mm

1.18 Ist für kommensurable Strecken das gemeinsame Maß eindeutig bestimmt?

1.19 Bestimmen Sie möglichst kleine natürliche Zahlen m und n, so daß für die folgenden Längen von Strecken r und s gilt: $n \cdot |r| = m \cdot |s|$

a) $|r| = 18$ cm, $|s| = 32$ cm b) $|r| = 46$ mm, $|s| = 5$ cm c) $|r| = 3$ dm, $|s| = 65$ cm

1.20 Bestätigen Sie, daß in einem Größenbereich mit Teilbarkeitseigenschaft die nachstehenden Regeln gelten.

a) $\frac{1}{n} \cdot (n \cdot a) = n \cdot \left(\frac{1}{n} \cdot a\right) = a$ b) $\frac{1}{n} \cdot \left(\frac{1}{m} \cdot a\right) = \frac{1}{m \cdot n} \cdot a = \frac{1}{m} \cdot \left(\frac{1}{n} \cdot a\right)$

1.21 Welche natürlichen Zahlen können jeweils in die folgenden Divisionsmaschinen eingegeben werden?

a) $[\![\overline{6}]\!]$ b) $[\![\overline{11}]\!]$ c) $[\![\overline{9}]\!]$

1.22 Weisen Sie nach, daß für die Eingabe von Größen aus einem Größenbereich mit Teilbarkeitseigenschaft gilt:

$$[\![\overline{n}]\!]\ [\![\cdot]\!]\ [\![\overline{m}]\!] = [\![\overline{n \cdot m}]\!] \qquad m, n \in \mathbf{N}$$

1.23 Überprüfen Sie, ob folgende Kombinationsmaschinen bezüglich der Eingabe natürlicher Zahlen gleiche Ausgaben liefern (vgl. Definition von Abbildung).

a) $[\![4]\!]\ [\![\cdot]\!]\ [\![\overline{7}]\!]$ und $[\![\overline{7}]\!]\ [\![\cdot]\!]\ [\![4]\!]$ d) $[\![\overline{5}]\!]\ [\![\cdot]\!]\ [\![3]\!]$ und $[\![3]\!]\ [\![\cdot]\!]\ [\![\overline{5}]\!]$

b) $[\![6]\!]\ [\![\cdot]\!]\ [\![\overline{8}]\!]$ und $[\![8]\!]\ [\![\cdot]\!]\ [\![6]\!]$ e) $[\![6]\!]\ [\![\cdot]\!]\ [\![\overline{4}]\!]$ und $[\![\overline{4}]\!]\ [\![\cdot]\!]\ [\![6]\!]$

c) $[\![\overline{3}]\!]\ [\![\cdot]\!]\ [\![2]\!]$ und $[\![\overline{6}]\!]\ [\![\cdot]\!]\ [\![4]\!]$ f) $[\![2]\!]\ [\![\cdot]\!]\ [\![\overline{2}]\!]$ und $[\![\overline{2}]\!]\ [\![\cdot]\!]\ [\![2]\!]$

B **1.24** Zeigen Sie, daß für die Eingabe von Größen aus einem Größenbereich mit Teilbarkeitseigenschaft folgendes Vertauschungsgesetz gilt:

$$[\![m]\!]\ [\![\cdot]\!]\ [\![\overline{n}]\!] = [\![\overline{n}]\!]\ [\![\cdot]\!]\ [\![m]\!]$$

Welche Bedingungen gelten für m und n?

1.25 Warum gilt für die Hintereinanderschaltung von Multiplikations- oder Divisions- oder Kombinationsmaschinen das Assoziativgesetz?

1.26 Ersetzen Sie folgende Maschinenketten durch eine möglichst einfache Kombinationsmaschine (Eingabe: Größen aus einem Größenbereich mit Teilbarkeitseigenschaft).

a) $[\![5]\!]\ [\![\cdot]\!]\ [\![\overline{3}]\!]\ [\![\cdot]\!]\ [\![\overline{6}]\!]\ [\![\cdot]\!]\ [\![8]\!]\ [\![\cdot]\!]\ [\![\overline{4}]\!]\ [\![\cdot]\!]\ [\![\overline{10}]\!]$
b) $[\![\overline{8}]\!]\ [\![\cdot]\!]\ [\![10]\!]\ [\![\cdot]\!]\ [\![\overline{9}]\!]\ [\![\cdot]\!]\ [\![6]\!]\ [\![\cdot]\!]\ [\![15]\!]\ [\![\cdot]\!]\ [\![\overline{3}]\!]$
c) $[\![12]\!]\ [\![\cdot]\!]\ [\![\overline{15}]\!]\ [\![\cdot]\!]\ [\![\overline{18}]\!]\ [\![\cdot]\!]\ [\![20]\!]\ [\![\cdot]\!]\ [\![\overline{6}]\!]\ [\![\cdot]\!]\ [\![5]\!]$

1.3 Das Rechnen mit Bruchzahlen

A 1.3.1 Operieren mit Repräsentanten für Bruchzahlen

1.3.1.1 Zur Einführung In Abschn. 1.2.2 haben wir die Bruchzahl $\frac{m}{n}$ als Abbildung erklärt, die jeder Größe a genau eine Größe $a' = \frac{m}{n} \cdot a$ zuordnet. Da die Abbildung $\frac{m}{n} : a \to a' = \frac{m}{n} \cdot a$ bijektiv ist (Satz 1.5), kann sie auch durch das Größenpaar (a, a') dargestellt werden.
Im folgenden wollen wir wieder den Größenbereich der Längen zugrunde legen. Insbesondere ordnet die Abbildung $\frac{m}{n}$ jeder Länge $|r|$ genau eine Länge $|s| = \frac{m}{n} \cdot |r|$ zu, die wir durch Stäbe oder Strecken r bzw. s repräsentieren können.
Wir können nun umgekehrt fragen, wie wir bei gegebenen Strecken r und s die durch sie bewirkte Abbildung durch ein Paar natürlicher Zahlen in der Form $\frac{m}{n}$ darstellen können. Falls die Abbildung existiert, ist sie nach Satz 1.6 eindeutig bestimmt.
Für das Folgende setzen wir voraus, daß die Strecken r und s kommensurabel sind. Dann gibt es eine Strecke t, so daß gilt:

$$|r| = n \cdot |t| \quad \text{und} \quad |s| = m \cdot |t|$$

Nach Satz 1.3 ist dazu gleichwertig

$$m \cdot |r| = n \cdot |s|$$

Infolgedessen gibt es auf die obige Frage zwei Antworten:
1. Wir suchen eine Strecke t, die sowohl in r als auch in s ganzzahlig oft hineinpaßt.

Erhalten wir $|r| = n \cdot |t|$ und $|s| = m \cdot |t|$ mit $m, n \in \mathbf{N}$, dann ist $\frac{m}{n}$ ein Vertreter für die Abbildung, die der Länge $|r|$ die Länge $|s| = \frac{m}{n} \cdot |r|$ zuordnet (vgl. Fig. 1.17). **A**

2. Wir setzen m deckungsgleiche Strecken mit der Länge $|r|$ zu einer neuen Strecke zusammen. Wenn die neue Strecke genau so lang ist wie die Strecke, die durch Aneinanderfügen von n deckungsgleichen Strecken mit der Länge $|s|$ entstanden ist, dann ist $\frac{m}{n}$ wiederum ein Vertreter für die gesuchte Abbildung (vgl. Fig. 1.18)

1.3.1.2 Gleichheit von Bruchzahlen, Kürzen und Erweitern Falls wir die in Abschn. 1.3.1.1 unter Punkt 1 gefundene Strecke t in $k\,(k \in \mathbf{N})$ deckungsgleiche Teilstrecken mit der jeweiligen Länge $|t'|$ unterteilen, dann gilt:

$$|r| = n \cdot |t| = k \cdot n \cdot |t'|$$

und $$|s| = m \cdot |t| = k \cdot m \cdot |t'|$$

Also ist auch $\frac{k \cdot m}{k \cdot n}$ ein Vertreter für die obige Abbildung.

Wenn wir entsprechend den unter Punkt 2 beschriebenen Vorgang k-mal wiederholen, dann sieht man, daß auch $k \cdot m$ Strecken der Länge $|r|$ genau so lang sind wie $k \cdot n$ Strecken der Länge $|s|$:

$$k \cdot m \cdot |r| = k \cdot n \cdot |s|$$

Somit bestätigt sich, daß $\frac{k \cdot m}{k \cdot n}$ ein Vertreter für die Abbildung ist.

Die Abbildungen $\frac{m}{n}$ und $\frac{k \cdot m}{k \cdot n}$ sind also gleich, d.h., die Brüche $\frac{m}{n}$ und $\frac{k \cdot m}{k \cdot n}$ bezeichnen dieselbe Bruchzahl.

Definition 1.16 Den Übergang von der Schreibfigur $\frac{m}{n}$ zu der Schreibfigur $\frac{k \cdot m}{k \cdot n}$ nennt man *Erweitern*, den umgekehrten Vorgang *Kürzen*.

Bemerkung Durch Erweitern und Kürzen erhält man verschiedene Brüche; die jeweils bezeichnete Bruchzahl bleibt gleich. Darum schreibt man $\frac{m}{n} = \frac{k \cdot m}{k \cdot n}$.

Alle diese Brüche können wir zu einer Klasse zusammenfassen. Jeder Bruch aus dieser Klasse repräsentiert dann dieselbe Bruchzahl. Insbesondere können wir den Bruch $\frac{m}{n}$, bei dem Zähler und Nenner teilerfremd sind, als Standardnamen für die entsprechende Bruchzahl ansetzen. Man erhält diesen Bruch aus jedem anderen Bruch durch Kürzen, so daß Zähler und Nenner teilerfremd werden. Falls $\frac{m}{n}$ dieser Standardname ist, dann ist die zugehörige Klasse

$$\left\{\frac{m}{n}, \frac{2 \cdot m}{2 \cdot n}, \frac{3 \cdot m}{3 \cdot n}, \ldots, \frac{k \cdot m}{k \cdot n}, \ldots\right\}$$

A **1.3.1.3 Die Anordnung von Bruchzahlen** In dem folgenden Beispiel wollen wir entscheiden, welche der beiden Längen |s| oder |s'| kleiner ist:

$$|s| = \frac{4}{3} \cdot |r| \qquad \text{oder} \qquad |s'| = \frac{7}{5} \cdot |r|$$

Dabei denken wir uns die Länge |r| durch gleichlange Strecken oder Stäbe $r_1, r_2, \ldots$ repräsentiert; entsprechend haben wir für die Länge |s| Strecken $s_1, s_2, \ldots$ und für die Länge |s'| Strecken $s'_1, s'_2, \ldots$

Wir setzen (evtl. nur in Gedanken) zusammengehörige Strecken immer weiter aneinander und prüfen, wann Strecken entstehen, die gleichlang sind (Fig. 1.23).

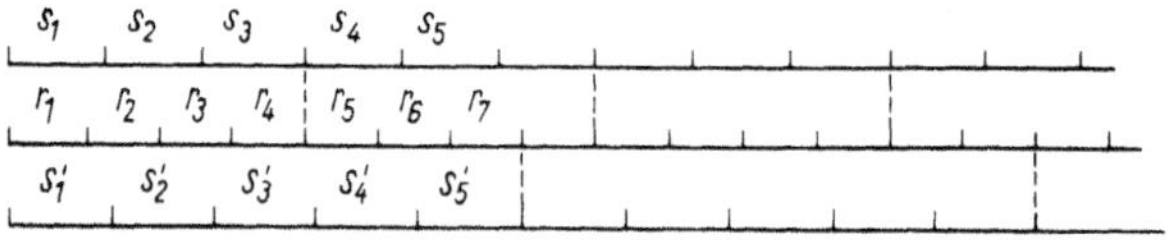

Fig. 1.23

Nach Voraussetzung gilt

$$3 \cdot |s| = 4 \cdot |r| \qquad \text{und} \qquad 5 \cdot |s'| = 7 \cdot |r|$$

Den in Fig. 1.23 angedeuteten Vorgang halten wir in der folgenden Tabelle fest.

		Anzahl der Stäbe											
Länge der Stäbe	|s|	3		6	9		12	15		18	21	24	...
	|r|	4	7	8	12	14	16	20	21	24	28	32	...
	|s'|		5			10			15		20		...
								(*)	(*)		(**)		

Die in der Tabelle markierten Spalten lassen zwei Deutungen zu:

(*) $15 \cdot |s| = 20 \cdot |r|$ und $15 \cdot |s'| = 21 \cdot |r|$

Also gilt $15 \cdot |s| < 15 \cdot |s'|$ und somit $|s| < |s'|$

(**) $21 \cdot |s| = 28 \cdot |r| = 20 \cdot |s'|$

Es folgt $21 \cdot |s| = 20 \cdot |s'|$

$$20 \cdot |s| + |s| = 20 \cdot |s'|$$
$$20 \cdot |s| < 20 \cdot |s'|$$
$$|s| < |s'|$$

In jedem Fall ergibt sich $|s| < |s'|$.

Bei der Abbildung $\frac{4}{3}$ ist |s| das Bild von |r|. Entsprechend ist |s'| das Bild von |r| bei der Abbildung $\frac{7}{5}$. Wir fanden $|s| < |s'|$.

Wir wollen entscheiden, ob $\frac{4}{3}$ auch von jeder anderen Größe ein kleineres Bild als $\frac{7}{5}$ von dieser Größe liefert.

A

Sei $|r^*|$ eine andere Länge und entsprechend

$$|s^*| = \frac{4}{3} \cdot |r^*| \qquad \text{und} \qquad |s'^*| = \frac{7}{5} \cdot |r^*|$$

Gilt dann auch $|s^*| < |s'^*|$?

Wir können eine der Fig. 1.23 entsprechende Darstellung für die Länge $|r^*|$ anfertigen und die zugehörigen Überlegungen und Ergebnisse in einer Tabelle festhalten. Diese Tabelle stimmt dann mit der ersten überein; denn die beiden zugehörigen Abbildungen werden sich nur im Maßstab, der durch die Längen $|r|$ und $|r^*|$ festgelegt ist, unterscheiden.

Zum anderen können wir fragen, ob sich die Bilder von $|r|$ nicht ändern, wenn wir die Abbildungen $\frac{4}{3}$ bzw. $\frac{7}{5}$ durch andere Brüche wie $\frac{8}{6}, \frac{12}{9}, \ldots$ oder $\frac{14}{10}, \frac{21}{15}, \ldots$ beschreiben. Wir haben die Gleichheit von Bruchzahlen ja gerade so erklärt, daß sie dieselbe Abbildung bewirken. Die durch Erweitern oder Kürzen bewirkte Formänderung hat keinen Einfluß auf die Abbildung.

Wegen der gefundenen Repräsentantenunabhängigkeit und der Unabhängigkeit von der Schreibweise dürfen wir verallgemeinern, daß für die Bruchzahlen $\frac{4}{3}$ und $\frac{7}{5}$ gilt: $\frac{4}{3} < \frac{7}{5}$.

Die Übertragung dieser Gedanken auf beliebige Bruchzahlen führt zu folgender Erklärung:

Definition 1.17 Um zwei Bruchzahlen x und y a n o r d n e n zu können, wird zunächst eine beliebige Größe g durch x und y abgebildet. Dabei sind die Brüche, durch die die Abbildungen beschrieben werden, frei wählbar.

Die Bruchzahl x heißt genau dann k l e i n e r als die Bruchzahl y (in Zeichen: $x < y$), wenn das Bild von g unter der Abbildung x kleiner als das Bild von g bezüglich der Abbildung y ist, also

$$x < y \text{ genau dann, wenn } x \cdot g < y \cdot g$$

Infolgedessen wird man für den Größenvergleich von Bruchzahlen „gut geeignete" Größen aussuchen, damit die Rechnung möglichst bequem wird.

Für unser obiges Beispiel ist z. B. $|r| = 15$ cm eine gut geeignete Länge; denn es ist

$$\frac{4}{3} \cdot (15 \text{ cm}) = 20 \text{ cm} \qquad \text{und} \qquad \frac{7}{5} \cdot (15 \text{ cm}) = 21 \text{ cm}$$

Man sieht unmittelbar, daß 20 cm < 21 cm ist. Darum gilt für die Bruchzahlen $\frac{4}{3} < \frac{7}{5}$.

1.3.1.4 Die Addition von Bruchzahlen Wir greifen noch einmal auf unser Beispiel aus Abschn. 1.3.1.3 (Fig. 1.23 und die zugehörige Tabelle) zurück. Die in der Tabelle mit (*) bezeichneten Spalten erlauben eine weitere Deutung:

A 15 Strecken der Länge $|s|$ und 15 Strecken der Länge $|s'|$ sind zusammen so lang wie 41 Strecken der Länge $|r|$. Wir können die s- und die s'-Strecken umordnen, so daß wir 15 Paare s-s'-Strecken haben, die so lang sind wie 41 r-Strecken.

$$15 \cdot |s| + 15 \cdot |s'| = 15 \cdot (|s| + |s'|) = 41 \cdot |r|$$

Wir können also die Länge $|s| + |s'|$ mit Hilfe der Länge $|r|$ messen und erhalten

$$|s| + |s'| = \frac{41}{15} \cdot |r|$$

Wenn wir noch berücksichtigen, daß

$$|s| = \frac{4}{3} \cdot |r| \qquad \text{und} \qquad |s'| = \frac{7}{5} \cdot |r|$$

ist, haben wir hiermit eine *Addition* gewonnen:

$$\frac{4}{3} \cdot |r| + \frac{7}{5} \cdot |r| = \frac{41}{15} \cdot |r|$$

Wir können jetzt die entsprechenden Überlegungen anschließen, die wir bezüglich der *Ordnung* im vorigen Kapitel ausgeführt haben.

Zunächst bestätigen wir, daß die Summe

$$\frac{4}{3} \cdot |r| + \frac{7}{5} \cdot |r| = \frac{41}{15} \cdot |r|$$

unabhängig von der Wahl der Größe $|r|$ ist.

Da es zum anderen nur auf die Bilder von $|r|$ und nicht auf die speziellen Brüche, die diese Abbildungen erzeugen, ankommt, ändert sich die Summe nicht, wenn wir durch Erweitern oder Kürzen zu anderen Brüchen übergehen, die dieselbe Abbildung bewirken.

Infolgedessen können wir die so erklärte Addition auf Bruchzahlen übertragen und schreiben

$$\frac{4}{3} + \frac{7}{5} = \frac{41}{15}$$

Definition 1.18 Um zwei Bruchzahlen x und y zu *addieren*, wird zunächst eine beliebige Größe g durch x und y abgebildet. Dabei kommt es nicht darauf an, durch welche Brüche die Abbildungen beschrieben werden. Durch Addition der Bilder von g entsteht eine neue Größe. Unter der *Summe* von x und y versteht man die Bruchzahl, die die neue Größe unmittelbar aus g erzeugt, also

$$(x + y) \cdot g = x \cdot g + y \cdot g$$

Bei der Addition von $\frac{4}{3}$ und $\frac{7}{5}$ wurden wir auf Grund der Tabelle dazu angehalten, die Bruchzahlen $\frac{4}{3}$ bzw. $\frac{7}{5}$ durch die Brüche $\frac{20}{15}$ bzw. $\frac{21}{15}$ darzustellen. Diese letzte-

A

ren Brüche haben gleiche Nenner; durch Addition ihrer Zähler und Beibehaltung des Nenners 15 gewinnen wir einen Bruch, der die Summe $\frac{4}{3} + \frac{7}{5}$ repräsentiert.

Wegen der Unabhängigkeit der Summe von der Wahl der Größe g, wählen wir wieder „gut geeignete" Größen, um die Rechnungen einfach zu gestalten.
In unserem Beispiel bietet sich wiederum die Länge $|r| = 15$ cm an. Denn es ist

$$\frac{4}{3} \cdot (15 \text{ cm}) = 20 \text{ cm} \qquad \text{und} \qquad \frac{7}{5} \cdot (15 \text{ cm}) = 21 \text{ cm}$$

Die Summe der Bilder ist

$$20 \text{ cm} + 21 \text{ cm} = 41 \text{ cm}$$

Die Bruchzahl $\frac{41}{15}$ bildet die Länge 15 cm direkt auf 41 cm ab:

$$\frac{41}{15} \cdot (15 \text{ cm}) = 41 \text{ cm}.$$

1.3.1.5 Die Multiplikation von Bruchzahlen Die in der Tabelle aus Abschn. 1.3.1.3 mit (**) bezeichnete Spalte läßt eine weitere Interpretation zu:
21 Strecken der Länge $|s|$ sind genau so lang wie 20 Strecken der Länge $|s'|$, oder

(*) $$|s| = \frac{20}{21} \cdot |s'|$$

Dabei gilt

$$|s| = \frac{4}{3} \cdot |r| \text{ und } |s'| = \frac{7}{5} \cdot |r|$$

Aus der letzten Gleichung folgt

$$|r| = \frac{5}{7} \cdot |s'|$$

Durch Einsetzen erhalten wir

(**) $$|s| = \frac{4}{3} \cdot |r| = \frac{4}{3} \cdot \left(\frac{5}{7} \cdot |s'|\right) = \frac{4}{3} \cdot \frac{5}{7} \cdot |s'|$$

Der Vergleich von (*) und (**) ergibt

$$\frac{4}{3} \cdot \frac{5}{7} \cdot |s'| = \frac{20}{21} \cdot |s'|$$

Hiermit haben wir eine M u l t i p l i k a t i o n erklärt. Das Ergebnis kann auch so gedeutet werden:
Zunächst haben wir auf die Länge $|s'|$ die Abbildung $\frac{5}{7}$ angewendet. Anschließend wurde das Bild durch $\frac{4}{3}$ weiter abgebildet. Die beiden nacheinander ausgeführten Ab-

A bildungen können durch eine Abbildung ersetzt werden, die das gleiche bewirkt, nämlich $\frac{20}{21}$.

Auch jetzt gilt das zuvor Gesagte: Die Multiplikation ist unabhängig von der Größe $|s'|$ und unabhängig davon, welche Brüche wir zur Bezeichnung der Abbildungen auswählen.

Somit dürfen wir die Multiplikation auf Bruchzahlen übertragen. Es gilt $\frac{4}{3} \cdot \frac{5}{7} = \frac{20}{21}$.

Definition 1.19 Um zwei Bruchzahlen x und y zu *multiplizieren*, wird zunächst eine beliebige Größe g durch y abgebildet. Auf das Bild wird die Abbildung x angewendet. Unter dem *Produkt* von x und y versteht man die Bruchzahl, die die letztere Größe unmittelbar aus g erzeugt, also

$$(x \cdot y) \cdot g = x(y(g))$$

Bei der Multiplikation von $\frac{4}{3}$ und $\frac{5}{7}$ erhielten wir einen Bruch, der das Produkt $\frac{4}{3} \cdot \frac{5}{7}$ repräsentiert, indem die jeweiligen Zähler bzw. Nenner der gegebenen Brüche multipliziert werden.

Als „gut geeignete“ Größe bietet sich für diese Aufgabe die Länge 21 cm an.

Denn es ist $\frac{5}{7} \cdot (21 \text{ cm}) = 15 \text{ cm}$ und $\frac{4}{3} \cdot (15 \text{ cm}) = 20 \text{ cm}$.

Die Bruchzahl $\frac{20}{21}$ bildet die Länge 21 cm unmittelbar auf 20 cm ab: $\frac{20}{21} \cdot (21 \text{ cm}) = 20 \text{ cm}$.

B
1.3.2 Relationen und Operationen in der Menge der Bruchzahlen

1.3.2.1 Gleichheit und Anordnung von Bruchzahlen In Abschn. 1.2.2 haben wir Bruchzahlen als Abbildungen über Größenbereichen mit Teilbarkeitseigenschaft erklärt. Die dort gegebene Definition über die *Gleichheit von Bruchzahlen* können wir auch anders ausdrücken.

Satz 1.7 Die Bruchzahlen $\frac{m}{n}$ und $\frac{p}{q}$ sind genau dann gleich, wenn gilt:

$$m \cdot q = n \cdot p$$

Beweis. Sei $\frac{m}{n} = \frac{p}{q}$. Wir wenden $\frac{m}{n}$ und $\frac{p}{q}$ auf die Größe $a \in G$ an:

$$\frac{m}{n} \cdot a = a_1 \quad \text{und} \quad \frac{p}{q} \cdot a = a_2$$

Dann gilt $a_1 = a_2$, weil $\frac{m}{n}$ und $\frac{p}{q}$ dieselbe Abbildung bewirken. Nach Satz 1.4 d gilt

$$m \cdot a = n \cdot a_1 \text{ und } p \cdot a = q \cdot a_2$$

B

Es folgt weiter

$$q \cdot m \cdot a = n \cdot q \cdot a_1 \qquad \text{und} \qquad p \cdot n \cdot a = n \cdot q \cdot a_2$$

Es gilt $n \cdot q \cdot a_1 = n \cdot q \cdot a_2$, weil $a_1 = a_2$ ist. Somit folgt weiter

$$q \cdot m \cdot a = p \cdot n \cdot a$$

Nach Aufgabe 1.15g erhalten wir schließlich

$$m \cdot q = n \cdot p$$

Sei umgekehrt $m \cdot q = n \cdot p$. Dann ist auch $(m \cdot q) \cdot a = (n \cdot p) \cdot a$ für alle $a \in G$. Wegen Aufgabe 1.15c folgt daraus

$$q \cdot (m \cdot a) = n \cdot (p \cdot a)$$

und durch wiederholte Anwendung von Satz 1.4

$$\frac{m}{n} \cdot a = \frac{p}{q} \cdot a$$

Aus der Gleichheit der Bilder ergibt sich nach Satz 1.6 die Gleichheit der Abbildungen $\frac{m}{n} = \frac{p}{q}$.

Auf Grund dieses Satzes können Brüche unabhängig von der Größe a erweitert bzw. gekürzt werden.

Um die Kleinerrelation auf Bruchzahlen übertragen zu können, zeigen wir zunächst die Repräsentantenunabhängigkeit.

Satz 1.8 Sei $\frac{m}{n} \cdot a < \frac{p}{q} \cdot a$ für eine bestimmte Größe a. Dann ist auch $\frac{m'}{n'} \cdot a' < \frac{p'}{q'} \cdot a'$ für jede beliebige andere Größe a', sofern $\frac{m'}{n'}$ bzw. $\frac{p'}{q'}$ dieselbe Bruchzahl wie $\frac{m}{n}$ bzw. $\frac{p}{q}$ bezeichnen.

Beweis. Zunächst zeigen wir die Unabhängigkeit von $a \in G$ (vgl. Beweis zu Satz 1.7). Wir setzen

$$\frac{m}{n} \cdot a = a_1 \qquad \text{und} \qquad \frac{p}{q} \cdot a = a_2$$

Nach Satz 1.4d ist dann $m \cdot a = n \cdot a_1$ und $p \cdot a = q \cdot a_2$ und weiter

$$q \cdot m \cdot a = n \cdot q \cdot a_1 \qquad \text{und} \qquad p \cdot n \cdot a = n \cdot q \cdot a_2$$

Da $a_1 < a_2$ vorausgesetzt ist, gilt auch

$$n \cdot q \cdot a_1 < n \cdot q \cdot a_2$$

und somit

$$q \cdot m \cdot a < p \cdot n \cdot a$$

B Nach Aufgabe 1.15f folgt

$$m \cdot q < n \cdot p$$

In dieser zu $a_1 < a_2$ äquivalenten Ungleichung kommt die Größe a nicht mehr vor. Für a hätte auch jedes andere $a' \in G$ stehen können.

Wir wählen andere Brüche aus den zu $\frac{m}{n}$ bzw. $\frac{p}{q}$ gehörigen Klassen, etwa $\frac{m'}{n'}$ bzw. $\frac{p'}{q'}$. Weil dadurch dieselbe Abbildung bewirkt wird, gilt

$$\frac{m'}{n'} \cdot a = \frac{m}{n} \cdot a \quad \text{und} \quad \frac{p'}{q'} \cdot a = \frac{p}{q} \cdot a \quad \text{für jedes } a \in G.$$

Auf Grund dieses Satzes können wir die Kleinerrelation für Bruchzahlen erklären.

Definition 1.20 Es gilt $\frac{m}{n} < \frac{p}{q}$ genau dann, wenn $m \cdot q < n \cdot p$ ist und, wenn es ein $a \in G$ gibt, so daß gilt

$$\frac{m}{n} \cdot a < \frac{p}{q} \cdot a$$

Satz 1.9 In der Menge der Bruchzahlen gilt das Trichotomiegesetz: Für zwei beliebige Bruchzahlen

$$x = \frac{m}{n} \quad \text{und} \quad y = \frac{p}{q}$$

gilt entweder $x < y$ oder $x = y$ oder $y < x$.

Beweis. Auf Grund der Sätze 1.7 und 1.8 führen wir die obigen Behauptungen auf Aussagen über natürliche Zahlen zurück.

$$\frac{m}{n} < \frac{p}{q} \quad \text{genau dann, wenn} \quad m \cdot q < n \cdot p$$

$$\frac{m}{n} = \frac{p}{q} \quad \text{genau dann, wenn} \quad m \cdot q = n \cdot p$$

$$\frac{p}{q} < \frac{m}{n} \quad \text{genau dann, wenn} \quad n \cdot p < m \cdot q$$

Da für natürliche Zahlen das Trichotomiegesetz gilt, ist es auch für Bruchzahlen erfüllt.

Satz 1.10 In der Menge der Bruchzahlen ist die Kleinerrelation eine lineare strenge Ordnungsrelation.

B

B e w e i s. Die Kleinerrelation ist irreflexiv, denn aus $\frac{m}{n} < \frac{m}{n}$ folgt auch $m \cdot n < m \cdot n$ und umgekehrt. Das ist ein Widerspruch zu $m \cdot n = m \cdot n$.
Die Kleinerrelation ist asymmetrisch, denn wegen der Trichotomie folgt aus $\frac{m}{n} < \frac{p}{q}$ niemals $\frac{p}{q} < \frac{m}{n}$.

Zum Nachweis der Transitivität gehen wir wieder auf die Definition zurück, um bekannte Aussagen über natürliche Zahlen verwenden zu können.
Sei $\frac{m}{n} < \frac{p}{q}$ und $\frac{p}{q} < \frac{r}{s}$. Dann ist gleichwertig

$$m \cdot q < n \cdot p \qquad \text{und} \qquad p \cdot s < q \cdot r$$

Es folgt weiter

$$m \cdot q \cdot s < n \cdot p \cdot s < n \cdot q \cdot r \qquad \text{und} \qquad m \cdot s < n \cdot r$$

Durch Rückübersetzung folgt daraus

$$\frac{m}{n} < \frac{r}{s}$$

Schließlich sind wegen des Trichotomiegesetzes je zwei verschiedene Bruchzahlen bezüglich der Kleinerrelation vergleichbar, d.h., diese Relation ist vollständig (oder konnex).
Aus diesen vier Teilaussagen ergibt sich die Behauptung.

Da sich die Kleinerrelation auf Bruchzahlen übertragen läßt, kann zu ihrer Veranschaulichung wie für natürliche Zahlen der Zahlenstrahl verwendet werden. Dem Anfang bzw. dem Ende der gewählten Einheitsstrecke OE werden die Zahlen 0 bzw. 1 zugeordnet. Dann kann jeder zur Einheitsstrecke OE kommensurablen Strecke OP die Bruchzahl r zugeordnet werden, die OE auf OP abbildet (vgl. Fig. 1.24).

Fig. 1.24

1.3.2.2 Addition und Subtraktion von Bruchzahlen Um die Addition für Bruchzahlen erklären zu können, gehen wir wie bei der Festsetzung der Gleichheit und der Anordnung vor: Wir zeigen zum einen, daß es bei der Abbildung nicht darauf ankommt, welche Größe a gewählt wird und zum anderen, daß die Verknüpfung unabhängig von dem Bruch ist, der die Bruchzahl bezeichnet.

B **Satz 1.11** Sei $\frac{m}{n} \cdot a + \frac{p}{q} \cdot a = \frac{u}{v} \cdot a$ für eine bestimmte Größe a. Dann ist auch

$$\frac{m'}{n'} \cdot a' + \frac{p'}{q'} \cdot a' = \frac{u'}{v'} \cdot a'$$

für jede beliebige andere Größe a', sofern $\frac{m'}{n'}$ bzw. $\frac{p'}{q'}$ bzw. $\frac{u'}{v'}$ jeweils dieselbe Bruchzahl wie $\frac{m}{n}$ bzw. $\frac{p}{q}$ bzw. $\frac{u}{v}$ bezeichnen.

B e w e i s. Wir zeigen zuerst durch äquivalente Umformungen die Unabhängigkeit von der Größe $a \in G$ (vgl. Beweise zu Satz 1.7 und 1.8). Wir setzen wieder $\frac{m}{n} \cdot a = a_1$ und $\frac{p}{q} \cdot a = a_2$ und erhalten zunächst

$$m \cdot a = n \cdot a_1 \text{ und } p \cdot a = q \cdot a_2$$

Weiter folgt

$$q \cdot m \cdot a = n \cdot q \cdot a_1 \qquad \text{und} \qquad p \cdot n \cdot a = n \cdot q \cdot a_2$$

Durch Addition folgt

$$n \cdot q \cdot (a_1 + a_2) = (q \cdot m + p \cdot n) \cdot a \qquad \text{oder} \qquad a_1 + a_2 = \frac{q \cdot m + p \cdot n}{n \cdot q} \cdot a$$

Koeffizientenvergleich ergibt

$$\frac{u}{v} = \frac{m \cdot q + n \cdot p}{n \cdot q}$$

Da in dieser Beziehung die Größe a eliminiert ist, gilt sie auch für jede andere Größe $a' \in G$.

Bezeichnen wir die eingehenden Bruchzahlen durch andere Brüche $\frac{m'}{n'}$ bzw. $\frac{p'}{q'}$ bzw. $\frac{u'}{v'}$, so gilt

$$\frac{m'}{n'} \cdot a = \frac{m}{n} \cdot a \qquad \text{bzw.} \qquad \frac{p'}{q'} \cdot a = \frac{p}{q} \cdot a \qquad \text{bzw.} \qquad \frac{u'}{v'} \cdot a = \frac{u}{v} \cdot a$$

für jedes $a \in G$, weil jeweils dieselben Abbildungen bezeichnet sind.

Wegen dieser Repräsentantenunabhängigkeit ist die folgende Festsetzung erlaubt.

Definition 1.21 Unter der S u m m e d e r B r u c h z a h l e n $\frac{m}{n}$ und $\frac{p}{q}$ versteht man die Bruchzahl $\frac{m \cdot q + n \cdot p}{n \cdot q}$.

$$\frac{m}{n} + \frac{p}{q} = \frac{m \cdot q + n \cdot p}{n \cdot q}\,; \qquad m, n, p, q \in \mathbf{N}$$

B

Diese Definition können wir folgendermaßen interpretieren: Die Bilder $\frac{m}{n} \cdot a$ und $\frac{p}{q} \cdot a$ der beliebigen Größe a können auch durch

$$\frac{m \cdot q}{n \cdot q} \cdot a \qquad \text{bzw.} \qquad \frac{n \cdot p}{n \cdot q} \cdot a$$

beschrieben werden. (Durch Erweitern Umformen zu Brüchen mit gleichen Nennern.)

Die Größe $\frac{m}{n} \cdot a + \frac{p}{q} \cdot a = \frac{m \cdot q}{n \cdot q} \cdot a + \frac{n \cdot p}{n \cdot q} \cdot a$ kann auch so gewonnen werden, daß a mit Hilfe der Bruchzahl $\frac{m \cdot q + n \cdot p}{n \cdot q}$ abgebildet wird.

Die Spezialfälle $n = q$ und $n = q = 1$ ergeben

$$\frac{m}{n} + \frac{p}{n} = \frac{m + p}{n} \qquad \text{und} \qquad \frac{m}{1} + \frac{n}{1} = \frac{m + n}{1}$$

Infolge der obigen Definition wird die Addition von Bruchzahlen auf das Multiplizieren bzw. Addieren natürlicher Zahlen zurückgeführt. Da die Menge **N** bezüglich dieser Verknüpfungen kommutativ und assoziativ ist, gelten diese Gesetze auch für die Addition von Bruchzahlen.

In dem Ausdruck $\frac{m}{n} \cdot a + \frac{p}{q} \cdot a = \frac{u}{v} \cdot a$ sind die Größen $\frac{m}{n} \cdot a$ und $\frac{p}{q} \cdot a$ jeweils kleiner als die Größe $\frac{u}{v} \cdot a$. Infolgedessen sind Gleichungen der Art

$$\frac{m}{n} \cdot a + \square \cdot a = \frac{u}{v} \cdot a \qquad \text{bzw.} \qquad \square \cdot a + \frac{p}{q} \cdot a = \frac{u}{v} \cdot a$$

höchstens dann lösbar, wenn $\frac{m}{n} < \frac{u}{v}$ bzw. $\frac{p}{q} < \frac{u}{v}$ ist.

Für $\frac{m}{n} + \square = \frac{u}{v}$ bzw. $\square + \frac{m}{n} = \frac{u}{v}$

schreiben wir

$$\square = \frac{u}{v} - \frac{m}{n}$$

Mit Hilfe der Addition als Probe können wir bestätigen, daß für $\frac{u}{v} - \frac{m}{n}$ auch $\frac{n \cdot u - m \cdot v}{n \cdot v}$ geschrieben werden kann.

Probe: $\frac{m}{n} + \frac{n \cdot u - m \cdot v}{n \cdot v} = \frac{m \cdot v + n \cdot u - m \cdot v}{n \cdot v} = \frac{n \cdot u}{n \cdot v} = \frac{u}{v}$

Die Repräsentantenunabhängigkeit und Eindeutigkeit der Lösung können wieder wie zuvor bestätigt werden. Damit haben wir die Subtraktion für Bruchzahlen eingeführt.

B **Definition 1.22** Unter der Differenz der Bruchzahlen $\frac{u}{v}$ und $\frac{m}{n}$ versteht man die Bruchzahl $\frac{n \cdot u - m \cdot v}{n \cdot v}$.

$$\frac{u}{v} - \frac{m}{n} = \frac{n \cdot u - m \cdot v}{n \cdot v}; \qquad m, n, u, v \in \mathbf{N}$$

Die Subtraktion von Bruchzahlen ist nur dann ausführbar, wenn $\frac{m}{n} < \frac{u}{v}$ bzw. $m \cdot v < n \cdot u$ ist.

Die Menge der Bruchzahlen ist also wie die Menge der natürlichen Zahlen bezüglich der Subtraktion kein Verknüpfungsgebilde.

1.3.2.3 Multiplikation und Division von Bruchzahlen Für die Festsetzung der Multiplikation von Bruchzahlen beschreiben wir wieder den zuvor verfolgten Weg: Einerseits weisen wir die Unabhängigkeit von der Größe a nach, andererseits zeigen wir, daß es auf die Schreibweise der Bruchzahlen nicht ankommt.

Satz 1.12 Sei $\frac{m}{n} \cdot \left(\frac{p}{q} \cdot a\right) = \frac{u}{v} \cdot a$ für eine bestimmte Größe a. Dann ist auch

$$\frac{m'}{n'} \cdot \left(\frac{p'}{q'} \cdot a'\right) = \frac{u'}{v'} \cdot a'$$

für jede beliebige andere Größe a', sofern $\frac{m'}{n'}$ bzw. $\frac{p'}{q'}$ bzw. $\frac{u'}{v'}$ jeweils dieselbe Bruchzahl wie $\frac{m}{n}$ bzw. $\frac{p}{q}$ bzw. $\frac{u}{v}$ bezeichnen.

Beweis. Siehe Aufgabe 1.29.

Auf Grund dieses Satzes können wir die Multiplikation für Bruchzahlen festsetzen.

Definition 1.23 Unter dem Produkt der Bruchzahlen $\frac{m}{n}$ und $\frac{p}{q}$ versteht man die Bruchzahl $\frac{m \cdot p}{n \cdot q}$

$$\frac{m}{n} \cdot \frac{p}{q} = \frac{m \cdot p}{n \cdot q}$$

Dieses Ergebnis können wir so deuten: Zu den Bruchzahlen $\frac{m}{n}$ und $\frac{p}{q}$ wählen wir eine beliebige Größe a. Zunächst bilden wir a durch $\frac{p}{q}$ ab und wenden dann auf das Bild $\frac{p}{q} \cdot a$ die Abbildung $\frac{m}{n}$ an. Wir erhalten das gleiche Bild, wenn wir a sogleich durch $\frac{m \cdot p}{n \cdot q}$ abbilden.

Da die Multiplikation natürlicher Zahlen kommutativ und assoziativ ist, können diese Eigenschaften auf Grund der letzten Definition unmittelbar auf die Multiplikation von Bruchzahlen übertragen werden.

Ein Zusammenhang zwischen Addition und Multiplikation von Bruchzahlen wird durch das Distributivgesetz aufgezeigt.

Satz 1.13 Die Multiplikation von Bruchzahlen ist distributiv bezüglich der Addition.

$$\frac{m}{n} \cdot \left(\frac{p}{q} + \frac{u}{v}\right) = \frac{m}{n} \cdot \frac{p}{q} + \frac{m}{n} \cdot \frac{u}{v}$$

Beweis.

$$\frac{m}{n} \cdot \left(\frac{p}{q} + \frac{u}{v}\right) = \frac{m}{n} \cdot \frac{p \cdot v + q \cdot u}{q \cdot v} = \frac{m \cdot p \cdot v + m \cdot q \cdot u}{n \cdot q \cdot v}$$

$$= \frac{m \cdot p \cdot v}{n \cdot q \cdot v} + \frac{m \cdot q \cdot u}{n \cdot q \cdot v} = \frac{m \cdot p}{n \cdot q} + \frac{m \cdot u}{n \cdot v} = \frac{m}{n} \cdot \frac{p}{q} + \frac{m}{n} \cdot \frac{u}{v}$$

In diesem Beweis haben wir u.a. das Distributivgesetz für natürliche Zahlen verwendet.

Schließlich können wir noch nach der Lösbarkeit der Gleichung

$$\frac{m}{n} \cdot \square = \frac{p}{q}$$

fragen.

Durch Einsetzen bestätigen wir, daß die Gleichung durch $\frac{p \cdot n}{q \cdot m}$ erfüllt wird:

$$\frac{m}{n} \cdot \frac{p \cdot n}{q \cdot m} = \frac{m \cdot p \cdot n}{n \cdot q \cdot m} = \frac{p}{q}$$

Für den Nachweis der Eindeutigkeit der Lösung siehe Aufgabe 1.31.

Damit können wir als weitere Verknüpfung die Division für Bruchzahlen erklären.

Definition 1.24 Unter dem Quotienten der Bruchzahlen $\frac{p}{q}$ und $\frac{m}{n}$ versteht man die Bruchzahl $\frac{p \cdot n}{q \cdot m}$.

$$\frac{p}{q} : \frac{m}{n} = \frac{p \cdot n}{q \cdot m}\ ;\ m, n, p, q \in \mathbf{N}$$

Die Division von Bruchzahlen ist stets ausführbar.

1.3.2.4 Strukturelle Betrachtungen in der Menge der Bruchzahlen Die Menge der Bruchzahlen ist bezüglich der Addition abgeschlossen. Da sowohl das Kommutativ- als auch das Assoziativgesetz gelten, bildet die Menge der Bruchzahlen bezüglich der Addition eine kommutative Halbgruppe.

Wenn wir für alle $n \in \mathbf{N}$ die Zahlen $\frac{0}{n}$ mit der Zahl 0 identifizieren, dann haben wir in $\frac{0}{n}$ das neutrale Element der Addition.

B Des weiteren ist die Menge der Bruchzahlen bezüglich der Multiplikation und der Division abgeschlossen.

Für alle $n \in \mathbf{N}$ ist die Bruchzahl $\frac{n}{n} = \frac{1}{1} = 1$ neutrales Element der Multiplikation.

Da die Multiplikation außerdem kommutativ und assoziativ ist, bildet die Menge der Bruchzahlen eine abelsche Gruppe bezüglich der Multiplikation.

Da auch das Distributivgesetz der Multiplikation bezüglich der Addition erfüllt ist, ist die Menge der Bruchzahlen ein Halbkörper.

Da die Kleinerrelation in der Menge der Bruchzahlen eine lineare strenge Ordnungsrelation ist (Satz 1.10), können wir sagen, daß die Menge der Bruchzahlen einen linear geordneten Halbkörper bildet.

Im folgenden wollen wir die Menge der Bruchzahlen mit **B** bezeichnen.

$$\mathbf{B} = \left\{\frac{m}{n} \mid m \in \mathbf{N} \text{ und } n \in \mathbf{N}\right\}$$

Dann ist das Gebilde $(\mathbf{B}, +, \cdot, <)$ ein linear geordneter Halbkörper. Der Bruch $\frac{m}{n}$ ist ein Vertreter aus der Klasse der Brüche, die dieselbe Abbildung beschreiben.

Jeder so gewonnene Halbkörper von Bruchzahlen hängt zunächst einmal von dem verwendeten Größenbereich G ab. Wir konnten jedoch jeweils zeigen, daß die Bruchzahlen, die Operationen mit Bruchzahlen und die Relationen zwischen Bruchzahlen unabhängig von den zugrunde gelegten Größen sind. Infolgedessen können wir sagen, daß die über dem jeweils betrachteten Größenbereich G erzeugten Halbkörper **B** im wesentlichen (bis auf Isomorphie) gleich sind.

1.3.2.5 Die Einbettung der natürlichen Zahlen Wir wollen noch zeigen, daß die Menge der Bruchzahlen **B** ein echtes Erweiterungsgebilde von der Menge der natürlichen Zahlen ist, d.h., wir wollen nachweisen, daß wir die natürlichen Zahlen mit speziellen Bruchzahlen identifizieren können.

Für jedes $n \in \mathbf{N}$ fassen wir die Bruchzahlen, die in der Form $\frac{n}{1}, \frac{2 \cdot n}{2}, \frac{3 \cdot n}{3}, \ldots$ geschrieben werden, jeweils zu einer Klasse zusammen. Die Menge dieser Klassen bezeichnen wir mit $\mathbf{B}^*$.

$(\mathbf{B}^*, +, \cdot, <)$ ist ein Untergebilde von $(\mathbf{B}, +, \cdot, <)$, denn

1. ist $\mathbf{B}^*$ Teilmenge von **B**
2. ist $\mathbf{B}^*$ bezüglich „+“ und „·“ abgeschlossen.

Die Elemente der Klassen werden nach den Regeln

$$\frac{n}{1} + \frac{m}{1} = \frac{n+m}{1} \quad \text{bzw.} \quad \frac{n}{1} \cdot \frac{m}{1} = \frac{n \cdot m}{1}$$

addiert bzw. multipliziert.

3. Die Kleinerrelation auf $\mathbf{B}^*$ ist eine Teilmenge der Kleinerrelation von **B**.

Satz 1.14 Das Gebilde ($\mathbf{B}^*, +, \cdot, <$) ist isomorph zu ($\mathbf{N}, +, \cdot, <$). **B**

B e w e i s. Jedem n aus **N** ordnen wir die Klasse aus $\mathbf{B}^*$ zu, deren Elemente durch $\frac{n}{1}$ repräsentiert werden können. Diese Abbildung ist bijektiv.

Der Summe $n + m$ bzw. dem Produkt $n \cdot m$ werden die Klassen aus $\mathbf{B}^*$ zugeordnet, die durch $\frac{n+m}{1} = \frac{n}{1} + \frac{m}{1}$ bzw. durch $\frac{n \cdot m}{1} = \frac{n}{1} \cdot \frac{m}{1}$ repräsentiert werden können. Damit ist die Operationstreue gezeigt.

Schließlich folgt aus $n < m$ für die Elemente der n bzw. m zugeordneten Klassen

$$\frac{n}{1} < \frac{m}{1}$$

Das ist die Relationstreue.

Auf Grund dieses Satzes identifizieren wir die Elemente von $\mathbf{B}^*$ mit den natürlichen Zahlen. Somit ist die Menge der Bruchzahlen **B** eine echte Erweiterung der Menge der natürlichen Zahlen **N**.

1.3.3 Das Operatormodell der Bruchrechnung **C**

1.3.3.1 Wiederholung In Abschn. 1.2.3 haben wir Bruchzahlen als Operatoren gedeutet, die wir uns in den sog. Kombinationsmaschinen realisiert denken können. Jetzt geht es darum, das Bruchrechnen an Hand dieses Modells zu beschreiben.

Wir erinnern noch einmal daran, daß wir unter einer Kombinationsmaschine $\left[\!\!\left[\frac{m}{n}\right]\!\!\right]$ eine Maschine verstehen, die aus einem Multiplikationsteil $[\![m]\!]$ und einem dahintergeschalteten Divisionsteil $[\![\overline{n}]\!]$ besteht. Wegen Aufgabe 1.24 kommt es auf die Reihenfolge der Einzelmaschinen in $\left[\!\!\left[\frac{m}{n}\right]\!\!\right]$ nicht an:

$$[\![m]\!]\ [\![\cdot]\!]\ [\![\overline{n}]\!] = [\![\overline{n}]\!]\ [\![\cdot]\!]\ [\![m]\!] = \left[\!\!\left[\frac{m}{n}\right]\!\!\right]$$

Voraussetzung ist allerdings, daß die Eingaben für eine Kombinationsmaschine einem Größenbereich mit Teilbarkeitseigenschaft entstammen.

1.3.3.2 Gleichheit, Erweitern und Kürzen von Kombinationsmaschinen Nach dem bisher Gesagten gilt auch für K o m b i n a t i o n s m a s c h i n e n, daß sie genau dann g l e i c h sind, wenn sie für gleiche Eingaben gleiche Ausgaben liefern.

Insbesondere wissen wir bereits, daß sich ein Paar hintereinander geschalteter entgegengesetzter Maschinen $[\![n]\!]$ und $[\![\overline{n}]\!]$ in seiner Wirkung aufhebt.

$$[\![1]\!] = \left[\!\!\left[\frac{1}{1}\right]\!\!\right] = \left[\!\!\left[\frac{2}{2}\right]\!\!\right] = \ldots = \left[\!\!\left[\frac{n}{n}\right]\!\!\right]$$

C Fügt man zu einer Kombinationsmaschine ein Paar entgegengesetzter Maschinen hinzu oder läßt solch ein Paar weg, dann ändert sich die Kombinationsmaschine nicht.

Das Einfügen einer neutralen Maschine $[\![\frac{n}{n}]\!]$ in eine Maschinenkette heißt *Erweitern*.

Beispiel.

$$[\![\tfrac{3}{4}]\!]\ [\![\cdot]\!]\ [\![\tfrac{5}{5}]\!] = [\![3]\!]\ [\![\cdot]\!]\ [\![\overline{4}]\!]\ [\![\cdot]\!]\ [\![5]\!]\ [\![\cdot]\!]\ [\![\overline{5}]\!]$$

$$= [\![3]\!]\ [\![\cdot]\!]\ [\![5]\!]\ [\![\cdot]\!]\ [\![\overline{4}]\!]\ [\![\cdot]\!]\ [\![\overline{5}]\!] = [\![15]\!]\ [\![\cdot]\!]\ [\![\overline{20}]\!] = [\![\tfrac{15}{20}]\!]$$

Das Weglassen einer neutralen Maschine $[\![\frac{n}{n}]\!]$ aus einer Maschinenkette heißt *Kürzen*.

Beispiel.

$$[\![\tfrac{9}{12}]\!] = [\![9]\!]\ [\![\cdot]\!]\ [\![\overline{12}]\!] = [\![3]\!]\ [\![\cdot]\!]\ [\![3]\!]\ [\![\cdot]\!]\ [\![\overline{3}]\!]\ [\![\cdot]\!]\ [\![\overline{4}]\!]$$

$$= [\![3]\!]\ [\![\cdot]\!]\ [\![1]\!]\ [\![\cdot]\!]\ [\![\overline{4}]\!] = [\![\tfrac{3}{4}]\!]$$

1.3.3.3 Leistungsvergleich von Kombinationsmaschinen Entsprechend der Gleichheit von Kombinationsmaschinen können wir auch deren *Leistungsvergleich* erklären: Die Maschine $[\![\frac{m}{n}]\!]$ leistet genau dann weniger als die Maschine $[\![\frac{p}{q}]\!]$ (in Zeichen: $[\![\frac{m}{n}]\!]\ [\![<]\!]\ [\![\frac{p}{q}]\!]$), wenn für jede Eingabe die jeweilige Ausgabe der $\frac{m}{n}$-Maschine kleiner ist als die Ausgabe der $\frac{p}{q}$-Maschine.

Um allein von den Programmkarten $\frac{m}{n}$ bzw. $\frac{p}{q}$ der Maschinen den Leistungsvergleich vornehmen zu können, bieten sich im Unterricht verschiedene Möglichkeiten an:

1. Durch Erweitern werden die Divisionsteile gleich gemacht:

$$\frac{m \cdot q}{n \cdot q} \text{ bzw. } \frac{n \cdot p}{n \cdot q}$$

Der Leistungsvergleich hängt dann nur noch von den Multiplikationsteilen ab.

2. Durch Erweitern werden die Multiplikationsteile gleich gemacht:

$$\frac{m \cdot p}{n \cdot p} \text{ bzw. } \frac{m \cdot p}{m \cdot q}$$

Der Leistungsvergleich hängt dann nur noch von den Divisionsteilen ab.

3. An Hand von Beispielen wird die Regel erarbeitet:

$$[\![\tfrac{m}{n}]\!]\ [\![<]\!]\ [\![\tfrac{p}{q}]\!] \quad \text{genau dann, wenn} \quad m \cdot q < n \cdot p \text{ ist.}$$

1.3.3.4 Hintereinanderschaltung von Kombinationsmaschinen An Hand von Beispielen wird im Unterricht folgende R e g e l vorbereitet: Zwei hintereinandergeschaltete $\frac{m}{n}$ - und $\frac{p}{q}$-Maschinen können durch eine Maschine mit gleicher Leistung ersetzt werden; die neue Programmaufschrift lautet C

$$\frac{m \cdot p}{n \cdot q}.$$

Also $\left[\!\!\left[\frac{m}{n}\right]\!\!\right] \llbracket \cdot \rrbracket \left[\!\!\left[\frac{p}{q}\right]\!\!\right] = \left[\!\!\left[\frac{m \cdot p}{n \cdot q}\right]\!\!\right]$

B e w e i s.

$$\left[\!\!\left[\frac{m}{n}\right]\!\!\right] \llbracket \cdot \rrbracket \left[\!\!\left[\frac{p}{q}\right]\!\!\right] = \llbracket m \rrbracket \llbracket \cdot \rrbracket \llbracket \overline{n} \rrbracket \llbracket \cdot \rrbracket \llbracket p \rrbracket \llbracket \cdot \rrbracket \llbracket \overline{q} \rrbracket = \llbracket m \rrbracket \llbracket \cdot \rrbracket \llbracket p \rrbracket \llbracket \cdot \rrbracket \llbracket \overline{n} \rrbracket \llbracket \cdot \rrbracket \llbracket \overline{q} \rrbracket$$

$$= \llbracket m \cdot p \rrbracket \llbracket \cdot \rrbracket \llbracket \overline{n \cdot q} \rrbracket = \left[\!\!\left[\frac{m \cdot p}{n \cdot q}\right]\!\!\right]$$

Diese Verknüpfung von Kombinationsmaschinen kann man M u l t i p l i k a t i o n nennen.

Analog der letzten Beweisidee können die Gültigkeit des Kommutativ- und des Assoziativgesetzes für die Multiplikation von Kombinationsmaschinen nachgewiesen werden.

In längeren Multiplikationsketten ist es vorteilhaft, falls möglich, zunächst zu kürzen und dann erst zu multiplizieren, um mit kleinen Zahlen zu rechnen.

In der Menge der Kombinationsmaschinen sind Gleichungen der Art $\left[\!\!\left[\frac{m}{n}\right]\!\!\right] \llbracket \cdot \rrbracket \square = \left[\!\!\left[\frac{p}{q}\right]\!\!\right]$ stets eindeutig lösbar. Dazu schalten wir hinter die $\frac{m}{n}$ -Maschine zuerst die $\frac{n}{m}$ -Maschine (Umkehrmaschine zu $\left[\!\!\left[\frac{m}{n}\right]\!\!\right]$) und dann die $\frac{p}{q}$ -Maschine:

$$\left[\!\!\left[\frac{m}{n}\right]\!\!\right] \llbracket \cdot \rrbracket \left[\!\!\left[\frac{n}{m}\right]\!\!\right] \llbracket \cdot \rrbracket \left[\!\!\left[\frac{p}{q}\right]\!\!\right] = \left[\!\!\left[\frac{p}{q}\right]\!\!\right]$$

Also ist $\left[\!\!\left[\frac{n}{m}\right]\!\!\right] \llbracket \cdot \rrbracket \left[\!\!\left[\frac{p}{q}\right]\!\!\right]$ Lösung der obigen Gleichung, die wir auch in der Form

$\square = \left[\!\!\left[\frac{p}{q}\right]\!\!\right] \llbracket : \rrbracket \left[\!\!\left[\frac{m}{n}\right]\!\!\right]$ schreiben können. Damit haben wir eine Division für Kombinationsmaschinen eingeführt. Für die Lösung gilt

$$\left[\!\!\left[\frac{p}{q}\right]\!\!\right] \llbracket : \rrbracket \left[\!\!\left[\frac{m}{n}\right]\!\!\right] = \left[\!\!\left[\frac{n}{m}\right]\!\!\right] \llbracket \cdot \rrbracket \left[\!\!\left[\frac{p}{q}\right]\!\!\right] = \left[\!\!\left[\frac{n \cdot p}{m \cdot q}\right]\!\!\right]$$

1.3.3.5 Parallelschaltung von Kombinationsmaschinen Auch zwei parallelgeschaltete Kombinationsmaschinen können durch eine Maschine mit gleicher Leistung ersetzt werden.

C Vor Erarbeitung der allgemeinen Regel für die Addition von Kombinationsmaschinen empfiehlt es sich, zunächst den einfacheren Spezialfall an Beispielen zu erläutern:

$$[\![\frac{m}{n}]\!] \, [\![+]\!] \, [\![\frac{p}{n}]\!] = [\![\frac{m+p}{n}]\!]$$

Beweis. Für jede Größe $a \in G$ gilt:

$$\frac{1}{n} \cdot (m \cdot a) + \frac{1}{n} \cdot (p \cdot a) = \frac{1}{n} \cdot (m \cdot a + p \cdot a)$$

$$= \frac{1}{n} \cdot ((m+p) \cdot a) = \left(\frac{m+p}{n}\right) \cdot a$$

Der allgemeine Fall kann durch Erweitern auf diesen Spezialfall der Addition von Kombinationsmaschinen mit gleichen Divisionsteilen zurückgeführt werden.

$$[\![\frac{m}{n}]\!] \, [\![+]\!] \, [\![\frac{p}{q}]\!] = [\![\frac{m \cdot q + n \cdot p}{n \cdot q}]\!]$$

In Fig. 1.25 haben wir die zugehörige Schaltung an einem Beispiel erläutert. Als Eingabe wählen wir einen Stab s_1, der 6 cm lang ist.

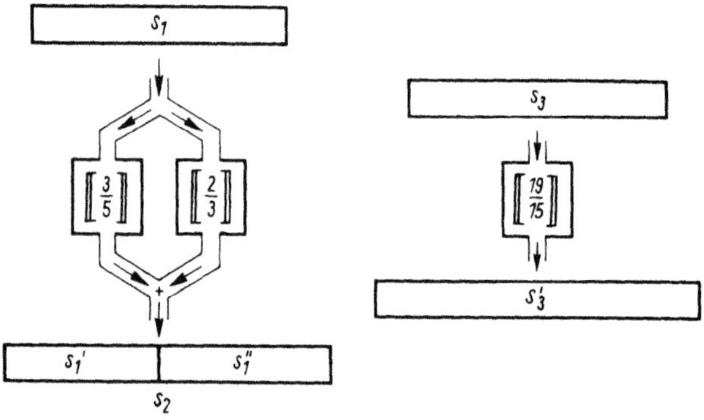

Fig. 1.25

Der Vorgang ist wie folgt zu deuten: An beide Maschinen wird die Information abgegeben, daß der Eingabestab 6 cm lang ist. Die Ausgabestäbe s_1' und s_1'' werden zu einem neuen Stab s_2 zusammengesetzt. Die Ersatzmaschine $[\![\frac{19}{15}]\!]$ gibt bei Eingabe eines 6 cm langen Stabes s_3 direkt einen Stab mit der Länge $|s_2|$ aus.

Für die Addition von Kombinationsmaschinen können die Gültigkeit von Kommutativ- und Assoziativgesetz unmittelbar nachgewiesen werden.

Wie in der Menge der natürlichen Zahlen sind Gleichungen der Gestalt $[\![\frac{m}{n}]\!] \, [\![+]\!] \, \square = [\![\frac{p}{q}]\!]$

nur dann lösbar, wenn $\left[\!\left[\frac{m}{n}\right]\!\right] [\![<]\!] \left[\!\left[\frac{p}{q}\right]\!\right]$ ist. In diesem Fall ist die Differenz $\left[\!\left[\frac{p}{q}\right]\!\right] [\![-]\!] \left[\!\left[\frac{m}{n}\right]\!\right]$ C
erklärt, und für die Lösung schreiben wir

$$\square = \left[\!\left[\frac{n \cdot p - m \cdot q}{n \cdot q}\right]\!\right]$$

1.3.3.6 Anmerkungen zum Bruchrechnen Für die unterrichtliche Behandlung des Bruchrechnens schlagen wir vor, zwei Phasen zu trennen.

Die erste Phase, die wir hier bereits beschrieben haben, ist durch das Handeln am Maschinenmodell gekennzeichnet. Die zweite, mehr abstrakte Phase, soll dem Zahlenrechnen vorbehalten bleiben.

Dabei sehen wir die Kombinationsmaschinen als anschauliches Modell für Bruchzahlen an.

Eine Motivation für die Verwendung dieser Maschinen könnte eine Aufgabe der folgenden Art sein: Verteile eine Tafel Schokolade gleichmäßig an drei Kinder. Die Schüler können diese Aufgabe handelnd lösen und wissen auch, daß jedes Kind eine drittel Tafel Schokolade bekommt.

Dagegen sind die zugehörigen Gleichungen

$$1 \text{ Tafel Schokolade} : 3 = \square$$

oder $\quad 3 \cdot \square = 1 \text{ Tafel Schokolade}$

in der Menge **N** unlösbar.

Auf der Modellebene kann die Gleichung

$$[\![3]\!]\ [\![\cdot]\!]\ \square = [\![1]\!]$$

gelöst werden. Die Lösung ist die $\frac{1}{3}$ -Maschine.

Geben wir die Tafel Schokolade in die $\frac{1}{3}$ -Maschine ein, dann erhalten wir als Ausgabe eine drittel Tafel Schokolade.

Für die Lösung der Gleichung $3 \cdot \square = 1$ schreiben wir wegen dieses Zusammenhangs $\square = \frac{1}{3}$. Die Lösung ist eine Bruchzahl, für die $3 \cdot \frac{1}{3} = 1$ gilt.

Im Gegensatz zu manchen Schulbuchautoren halten wir die Trennung zwischen Maschinenmodell und Zahlen für vorteilhaft, weil dadurch

1. der Modellcharakter deutlicher wird und
2. das reine Zahlenrechnen das letztlich erstrebenswerte Lernziel ist.

Während in der Einführungsphase das Bruchrechnen in enger Anlehnung an das Kombinationsmaschinenmodell gestaltet werden soll, kann sich der Lehrer nach und nach vom Modell lösen.

Ein Unterrichtsbeispiel, das den hier gemachten Vorschlägen im wesentlichen entspricht, findet sich in [18], Bd. 6.

C Zum Abschluß wollen wir den Fragen nachgehen, ob die Addition vor der Multiplikation von Bruchzahlen behandelt werden soll und wie die Addition gestaltet werden soll.

Bei dem hier skizzierten Aufbau erweist sich – entgegen dem herkömmlichen Vorgehen – die Multiplikation gegenüber der Addition als problemlose Operation. Darum ist es naheliegend, die Multiplikation von Bruchzahlen vorzuziehen. Dagegen bieten sich von den Anwendungen her häufig Additionsaufgaben an, die für eine frühzeitige Behandlung dieser Operation sprechen. Im Moment scheint diese Frage offen, so daß beide Wege gut gangbar erscheinen.

Dagegen scheint die Einführung der Addition an Hand des Operatormodells über die Parallelschaltung von Kombinationsmaschinen doch unbefriedigend. Gangbar ist dieser Weg, ob er allerdings kindgemäß ist, darf in Frage gestellt werden; vielmehr erscheint dieses Vorgehen unnatürlich aufgebauscht.

Darum meinen wir, daß bei der Einführung der Addition der reine Operatorenstandpunkt verlassen werden sollte und dafür ein Weg gewählt werden sollte, wie er in Abschn. 1.3.1.4 beschrieben wurde.

Das Abbilden von Größen und anschließendes Aneinandersetzen von Repräsentanten – wie etwa Strecken – erscheint im Gegensatz zur Parallelschaltung von Maschinen als natürlicher Vorgang. Dieser Vorteil dürfte den Stilbruch – nämlich das Verlassen der reinen Operatorebene – reichlich wettmachen.

B **Aufgaben**

1.27 Bestimmen Sie die Abbildungen, die jeweils die Strecke r in die Strecke s überführen:

a) $|r| = 6$ cm, $|s| = 8$ mm b) $|r| = 9$ mm, $|s| = 2$ dm c) $|r| = 4$ dm, $|s| = 27$ cm

***1.28** Übertragen Sie den in Abschn. 1.3.1.3 bis 1.3.1.5 beschriebenen Vorgang auf die Anordnung, Addition und Multiplikation der Bruchzahlen (vgl. Fig. 1.23).

a) $\frac{3}{5}$ und $\frac{2}{3}$ b) $\frac{5}{3}$ und $\frac{6}{5}$

1.29 Führen Sie den Beweis zu Satz 1.12 aus.

1.30 Beweisen Sie jeweils die Kommutativ- und das Assoziativgesetz
a) für die Addition von Bruchzahlen,
b) für die Multiplikation von Bruchzahlen.

1.31 Weisen Sie die eindeutige Bestimmtheit des Quotienten zweier Bruchzahlen nach.

1.32 Prüfen Sie nach, ob die Menge der natürlichen Zahlen zusammen mit den Bruchzahlen, die in der Form $\frac{1}{n}$ geschrieben werden können (Stammbrüche), eine multiplikative Gruppe bilden.

1.33 Beweisen Sie die Monotoniegesetze für Bruchzahlen. Aus $\frac{m}{n} < \frac{p}{q}$ folgt **B**

a) $\frac{m}{n} + \frac{u}{v} < \frac{p}{q} + \frac{u}{v}$ b) $\frac{m}{n} \cdot \frac{u}{v} < \frac{p}{q} \cdot \frac{u}{v}$

1.34 Zeigen Sie, daß es zwischen den Bruchzahlen $\frac{m}{n}$ und $\frac{p}{q}$ mit $\frac{m}{n} < \frac{p}{q}$ mindestens eine Bruchzahl $\frac{u}{v}$ gibt, für die gilt:

$$\frac{m}{n} < \frac{u}{v} < \frac{p}{q}.$$

1.35 Welche Eigenschaften hat die Größerrelation „>" in der Menge der Bruchzahlen, die in der Form $\frac{1}{n}$ geschrieben werden können? Vergleichen Sie damit das Gebilde $(\mathbf{N}, <)$.

1.36 Weisen Sie nach, daß aus $\frac{m}{n} < 1$ folgt $\frac{n}{m} > 1$.

1.37 Bestätigen Sie, daß folgende Mengen von Bruchzahlen bezüglich der Multiplikation jeweils eine kommutative Halbgruppe bilden:

a) alle Bruchzahlen, für die gilt $\frac{m}{n} < 1$,

b) alle Bruchzahlen, für die gilt $\frac{m}{n} > 1$.

1.38 Führen Sie Gründe an, warum die folgende Definition der Addition von Bruchzahlen nicht sinnvoll ist:

$$\frac{m}{n} + \frac{p}{q} = \frac{m+p}{n+q}$$

1.39 Zeigen Sie, daß die Menge der Bruchzahlen $\mathbf{B}$ bezüglich „+" und „<" einen Größenbereich bildet.

1.40 Beweisen Sie, daß der Größenbereich $(\mathbf{B}, +, <)$ die Teilbarkeitseigenschaft hat.

2 Die Einführung negativer Zahlen

2.1 Die Erweiterung von $\mathbf{N}_0$ nach $\mathbf{Z}$

2.1.1 Würfeln um zwei Sorten von Gegenständen **A**

Vorgegeben seien zwei Sorten von gleichartigen Gegenständen, z.B. schwarze und weiße Legosteine. Dazu gebe es einen schwarzen und einen weißen Würfel. Von jedem Mitspieler werden reihum beide Würfel gleichzeitig geworfen. Er darf jeweils so viele schwarze

A und weiße Legosteine aufnehmen, wie die Augenzahl auf den zugehörigen Würfeln anzeigt. Bei der Steinaufnahme muß allerdings die folgende Paarregel beachtet werden: Alle schwarz-weißen Steinpaare müssen zurückgelegt werden, so daß jeder Spieler auf seinem Stapel nur Steine einer Farbe oder gar keine Legosteine hat. Der Spieler hat gewonnen, der als erster eine bestimmte Anzahl – z.B. 10 – von Legosteinen einer Farbe gesammelt hat.

Man stellt rasch fest, daß es sich hierbei um ein reines Glücksspiel handelt und kann noch weitere Beobachtungen machen.

1. Wenn ein Spieler z.B. auf Grund des ersten Wurfs schwarze Steine sammelt, dann braucht er bei einem Wurf „5 schwarz, 3 weiß" nur noch 2 schwarze Steine aufzunehmen; die 3 schwarz-weiß Paare kann er sogleich liegenlassen, da er sie sonst wegen der Paarregel doch wieder ablegen müßte.

2. Falls ein Spieler, der etwa schwarze Steine sammelt, „2 schwarz – 6 weiß" wirft, dann muß er noch 4 weiße Legosteine aufnehmen. Statt dessen kann er auch 4 schwarze Steine – wenn er so viele besitzt – ablegen. Hat er z.B. nur 3 schwarze Steine, dann legt er diese ab und nimmt noch einen weißen auf und wird dann auch im folgenden weiße Steine sammeln.

Da dieses Spiel keine Möglichkeiten bietet, Gewinnstrategien zu entwickeln, sondern der Sieg nur vom Zufall abhängt, dürfte es seine Spannung rasch verlieren.

Infolgedessen wird die Spielregel modifiziert: Nach jedem Wurf darf der Spieler entscheiden, ob er aufnehmen oder ablegen möchte. Dabei bewirkt „Ablegen" genau das Gegenteil von „Aufnehmen".

Ein Spieler, der schwarze Legosteine sammelt, wird sich beim Wurf „4 schwarz, 2 weiß" für Aufnehmen entscheiden und somit 2 schwarze Steine hinzugewinnen. Falls der Spieler jedoch weiße Steine sammelt, dann wird er sich für Ablegen entscheiden. Er darf dann, statt 2 schwarze Steine abzulegen, seiner Sammlung 2 weitere weiße Steine hinzufügen.

Auch in dieser Form handelt es sich um ein reines Glücksspiel, bei dem es darauf ankommt, bei jedem Wurf möglichst hohe Anzahlunterschiede auf den Würfeln zu erzielen.

Der Spielverlauf kann auch notiert werden: Man geht von einem Spielstand aus, fügt das Ergebnis eines Wurfes hinzu und erhält einen neuen Spielstand. Dabei wird jeder Wurf sogleich auf die Steindifferenz verkürzt.

Z.B. bedeuten „4 schwarz, 1 weiß" dasselbe wie „3 schwarz" oder „3 schwarz, 5 weiß" dasselbe wie „2 weiß" usw.

Beim Notieren des Wurfs „6 schwarz, 3 weiß" – das ist soviel wie „3 schwarz" – können etwa folgende Fälle auftreten:

4 schwarz + 3 schwarz = 7 schwarz (Aufnehmen)

5 weiß − 3 schwarz = 8 weiß (Ablegen)

1 weiß − 3 schwarz = 4 weiß (Ablegen)

allgemein

Spielstand + Wurf = neuer Spielstand (bei Aufnehmen)

Spielstand − Wurf = neuer Spielstand (bei Ablegen)

In diesem Spiel und seiner Notation werden Addition und Subtraktion ganzer Zahlen vorbereitet.

Schreibt man bei den Würfen die Augenzahlen auf beiden Würfeln etwa in der Reihenfolge (schwarz, weiß) als Zahlenpaare auf, dann sind wegen der Paarregel z.B. die Würfe (3,1), (4,2), (5,3) und (6,4) gleichwertig. In die Notation gehen sie als (2,0) oder kurz als „2 schwarz" ein.

Allgemein gilt

(m, n) gleichwertig zu (m', n') genau dann, wenn $m + n' = n + m'$

B e i s p i e l. (4,2) gleichwertig zu (5,3) weil $4 + 3 = 2 + 5$ ist und umgekehrt.

Auf Grund der Eigenschaften der Addition natürlicher Zahlen ist unmittelbar einsichtig, daß die obige Relation reflexiv, symmetrisch und transitiv ist. Es handelt sich somit um eine Äquivalenzrelation. Die Äquivalenzklassen sind gerade die möglichen wesentlich verschiedenen Würfe (vgl. Aufg. 2.1).

Für dieses hier skizzierte Spiel gibt es eine geometrische Interpretation, die zugleich zu einer Erweiterung führt, weil dafür alle natürlichen Zahlen zur Verfügung stehen.

2.1.2 Ein Verschiebungsmodell

In Fig. 2.1 haben wir zwei Zahlenstrahlen mit gleicher Einteilung dargestellt. Dabei ist der rechte Strahl um 3 Einheiten nach oben verschoben. Für diese V e r s c h i e b u n g n a c h o b e n schreiben wir kurz $V_o\,3$. Sie kann durch die Zahlenpaare (3,0), (4,1), (5,2), ... gekennzeichnet werden:

$$V_o\,3 = \{(3,0), (4,1), (5,2), \ldots\}$$

Bei diesem Modell entspricht einer Verschiebung die gesamte Paarklasse gleichwertiger Würfe aus dem vorigen Beispiel. Gilt in einem Paar (m, n), daß $m > n$ ist, dann handelt es sich um eine Verschiebung des rechten Zahlenstrahls gegenüber dem linken nach oben, d.h. V_o. Entsprechend bedeutet $m < n$, daß der rechte Zahlenstrahl gegenüber dem linken nach unten verschoben ist, was mit V_u bezeichnet werden soll.

Für $m = n$ haben wir es mit der sog. N u l l v e r s c h i e b u n g

$$N = \{(0,0), (1,1), \ldots, (m,m), \ldots\}$$

zu tun. Beim Hintereinanderausführen zweier Verschiebungen können wir z.B. „Aufnehmen" als „Addieren $\oplus$" und „Ablegen" als „Subtrahieren $\ominus$" interpretieren.

Auf die Verschiebung $V_o\,3$ lassen wir die V e r s c h i e b u n g $V_u\,2$ um 2 n a c h u n t e n folgen.

$$V_u\,2 = \{(0, 2), (1, 3), (2, 4), \ldots\}.$$

A Die Nacheinanderausführung von $V_o 3 \oplus V_u 2$ ist in Fig. 2.2 dargestellt.

Bei $\oplus$ wird der dritte Strahl so gelegt, daß die 0(1, 2, 3, ...) des mittleren Strahls links neben die 2 (3, 4, 5, ...) des dritten Strahls zu liegen kommt. Durch Vergleich von erstem und drittem Strahl lesen wir die resultierende Gesamtverschiebung ab. Dazu gehören die Paare (1, 0), (2, 1), (3, 2), ... Sie kennzeichnen die Verschiebung $V_o 1$. Also gilt

$$V_o 3 \oplus V_u 2 = V_o 1$$

Fig. 2.3 zeigt die Gesamtverschiebung $V_u 1 \ominus V_o 4$. Die resultierende Verschiebung enthält die Paare (0, 5), (1, 6), (2, 7), ... Darum gilt

$$V_u 1 \ominus V_o 4 = V_u 5$$

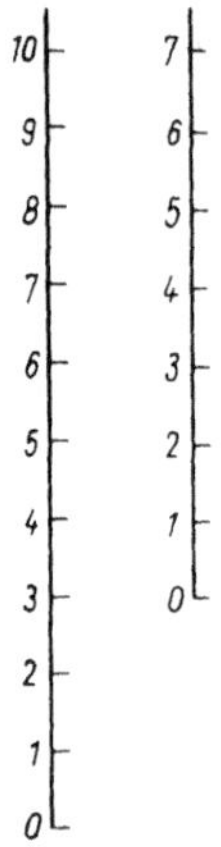

Fig. 2.1

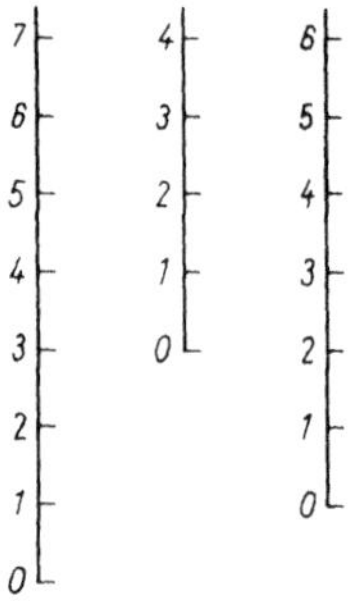

Fig. 2.2

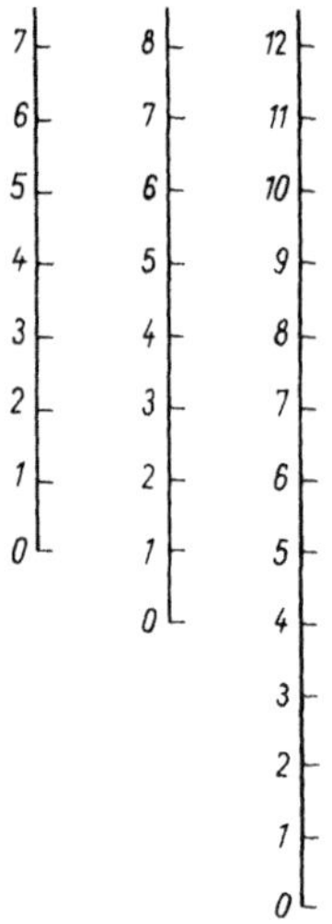

Fig. 2.3

Wir wollen die Analogie zwischen Addieren bzw. Subtrahieren von Verschiebungen und dem Aufnehmen bzw. Ablegen von Legosteinen allgemein erläutern. Dazu haben wir in Fig. 2.4 das Aufnehmen $\oplus$ und das Ablegen $\ominus$ für zwei beliebige Verschiebungen V_1 und V_2, die durch die Zahlenpaare (m, n) bzw. (r, s) gekennzeichnet sind, dargestellt.

Das Addieren von V_1 und V_2 können wir aus Fig. 2.4a ersehen: „m links" wird neben „n mitte" gelegt. Dann liegen „m + r links" und „n + r mitte" nebeneinander, weil von m und n jeweils um r weitergezählt wurde. Des weiteren liegen „n + r mitte" und „n + s rechts" nebeneinander, weil von r und s jeweils um n weitergezählt wurde. Insgesamt ist die Gesamtverschiebung $V_1 \oplus V_2$ durch das Paar (m + r, n + s) gekennzeichnet.

Entsprechend entnehmen wir der Fig. 2.4b, daß die Gesamtverschiebung $V_1 \ominus V_2$ durch das Zahlenpaar (m + s, n + r) repräsentiert werden kann.

Da wir Verschiebungen durch Paare natürlicher Zahlen kennzeichnen können und die zuvor erklärte Addition ⊕ von Verschiebungen auf die Addition natürlicher Zahlen zurückgeführt wurde, lassen sich Kommutativ- und Assoziativgesetz der Addition von $\mathbf{N}_0$ auf Verschiebungen bezüglich ⊕ unmittelbar übertragen. Die Gültigkeit des Assoziativgesetzes für die Verschiebungen V_1, V_2 und V_3, die durch die Paare (m, n), (p, q) und (r, s) repräsentiert werden, ist auch in Fig. 2.5 erläutert.

$$(V_1 \oplus V_2) \oplus V_3 = V_1 \oplus (V_2 \oplus V_3)$$

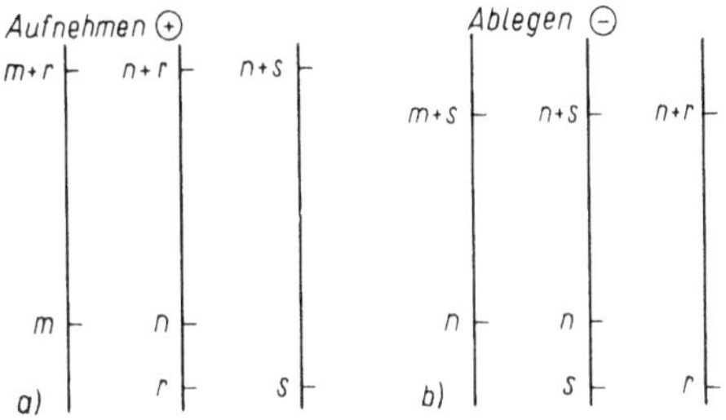

Fig. 2.4

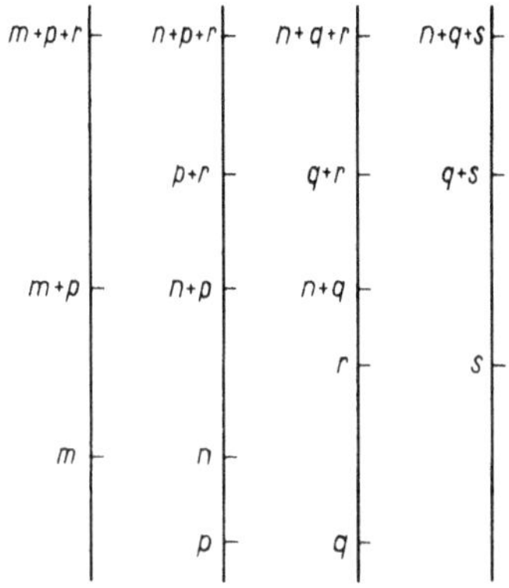

Fig. 2.5

Unabhängig von der Beklammerung kann die resultierende Gesamtverschiebung durch das Zahlenpaar (m + p + r, n + q + s) gekennzeichnet werden. Bezüglich der Hintereinanderausführung ⊕ von Verschiebungen ist die Verschiebung

$$N = \{(0, 0), (1, 1), (2, 2), \ldots\}$$

neutrales Element. Denn für jede Verschiebung V gilt

$$V \oplus N = N \oplus V = V$$

Des weiteren gibt es zu jeder Verschiebung V eine Umkehrverschiebung V*, so daß gilt:

$$V \oplus V^* = V^* \oplus V = N$$

Ist das Paar (m, n) ein Vertreter von V, dann ist das Paar (n, m) ein Vertreter von V*; denn sowohl V ⊕ V*, V* ⊕ V als auch N werden durch das Paar (m + n, m + n) repräsentiert (vgl. auch Fig. 2.6)

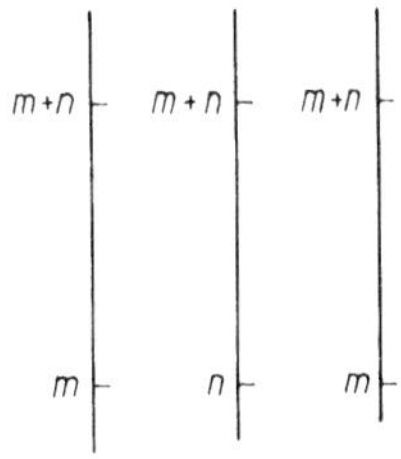

Fig. 2.6

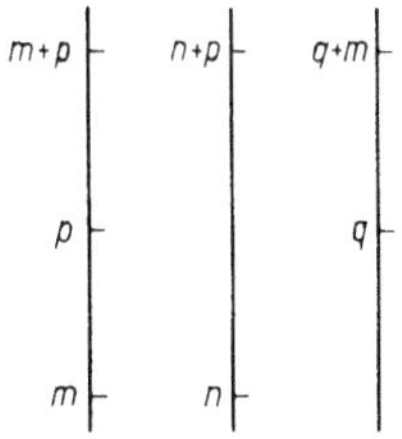

Fig. 2.7

A Schließlich ist in der Menge der Verschiebungen jede Gleichung der Art $V_1 \oplus \square = V_2$ lösbar.

Sei $(m, n) \in V_1$, $(p, q) \in V_2$ und (x, y) ein Vertreter der gesuchten Verschiebung, dann gilt

$$x = p + n \quad \text{und} \quad y = q + m$$

Probe: $(m + p + n, n + q + m)$ ist ein Vertreter von V_2 (vgl. auch Fig. 2.7).

Für $V_1 \oplus \square = V_2$ schreiben wir auch $\square = V_2 \ominus V_1$.

In der Menge der Verschiebungen ist die Subtraktion $\ominus$ stets ausführbar.

Auf Grund dieser Ausführungen sehen wir, daß die Menge der Verschiebungen bezüglich der als Addition $\oplus$ bezeichneten Hintereinanderausführung eine Gruppe G bildet. Die Gruppe ist abelsch und ihre Ordnung ist unendlich. Die Verschiebungen

$$V_o 1 = \{(1, 0), (2, 1), (3, 2), \ldots\}$$

und $$V_u 1 = \{(0, 1), (1, 2), (2, 3), \ldots\}$$

sind erzeugende Elemente von G. Infolgedessen haben wir in G eine unendliche zyklische Gruppe erhalten.

Wir werden später sehen, daß wir in der Menge der Verschiebungen ein Modell für die Menge der ganzen Zahlen gefunden haben. Bevor wir diesen Andeutungen weiter nachgehen, wollen wir die in diesem Kapitel gemachten Ausführungen auf ein anderes Modell übertragen, das zu den Bruchzahlen führt.

2.1.3 Ein Verformungsmodell

Wir gehen wieder von zwei Zahlenstrahlen aus (Fig. 2.8). Jetzt ist der linke gegenüber dem rechten gedehnt; die linke 3 steht neben der rechten 4 usw.

Wir bezeichnen diese Dehnung durch den Bruch $\frac{3}{4}$. Dieselbe Dehnung kann auch durch den Bruch $\frac{8}{6}$ gekennzeichnet werden.

Wir nennen zwei Dehnungen $\frac{m}{n}$ und $\frac{p}{q}$ mit $m, n, p, q \in \mathbf{N}$ gleichwertig, wenn $m \cdot q = n \cdot p$ gilt. In dem obigen Beispiel ist $\frac{3}{4}$ gleichwertig zu $\frac{6}{8}$, weil $3 \cdot 8 = 4 \cdot 6$ gilt.

Bei $m < n$ ist der linke Zahlenstrahl gegenüber dem rechten gedehnt; wir sprechen dann von einer Dehnung. Bei $m > n$ ist der linke Strahl gegenüber dem rechten gestaucht; dann sprechen wir von einer Stauchung. Schließlich haben wir es für $m = n$ mit der identischen Verformung zu tun.

In Fig. 2.9 ist gezeigt, wie zwei Verformungen nacheinander ausgeführt werden können. Wir erläutern das an der Dehnung, die durch $\frac{4}{3}$ gekennzeichnet werden kann und der Stauchung, die den Bruch $\frac{2}{5}$ enthält.

A

Die Ersatzverformung enthält den Bruch $\frac{8}{15}$. Wegen $\frac{8}{15} = \frac{4 \cdot 2}{3 \cdot 5}$ nennen wir die Hintereinanderschaltung von Verformungen auch „Multiplikation".

Die Multiplikation zweier beliebiger Verformungen, die die Brüche $\frac{m}{n}$ bzw. $\frac{p}{q}$ (m, n, p, q $\in \mathbf{N}$) enthalten, ist in Fig. 2.10 dargestellt, und wir schreiben

$$\frac{m}{n} \cdot \frac{p}{q} = \frac{m \cdot p}{n \cdot q}$$

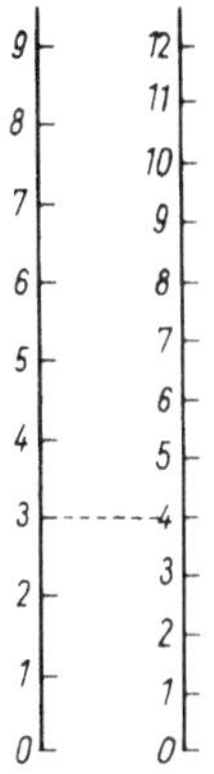

Fig. 2.8

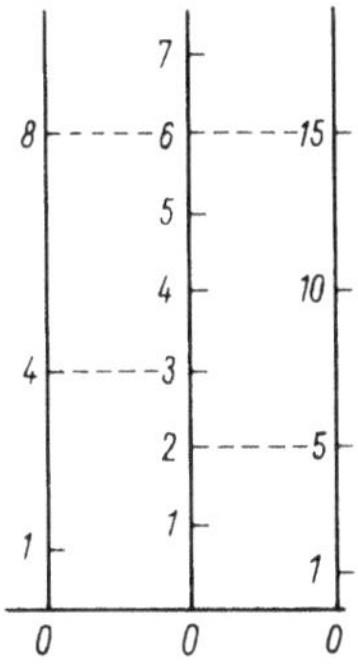

Fig. 2.9

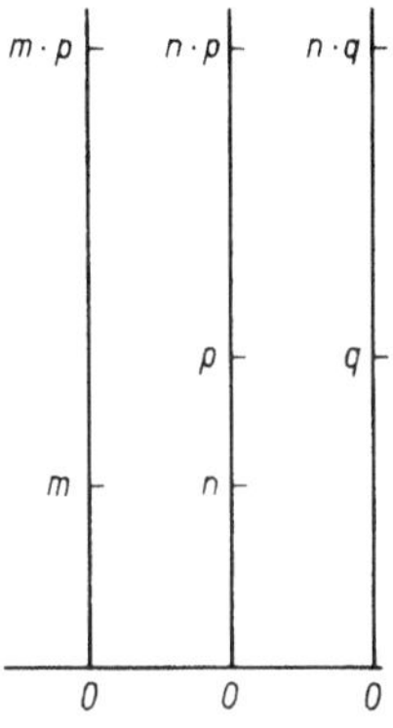

Fig. 2.10

Für die Multiplikation von Verformungen gelten wegen der obigen Festsetzung Kommutativ- und Assoziativgesetz, da die Multiplikation natürlicher Zahlen kommutativ und assoziativ ist. Fig. 2.11 zeigt das Kommutativgesetz.

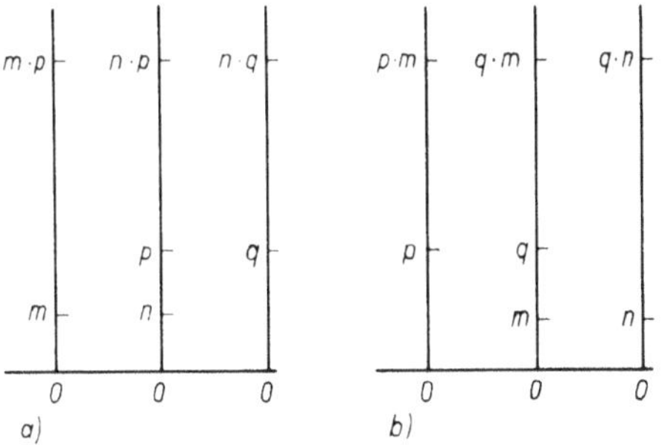

Fig. 2.11

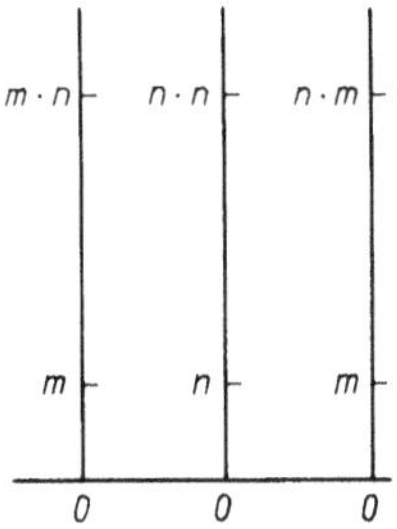

Fig. 2.12

Neutrales Element bezüglich der Multiplikation ist die identische Verformung.

Zu jeder Verformung, die $\frac{m}{n}$; m, n $\in \mathbf{N}$, enthält, gibt es eine Kehrverformung,

A die den Bruch $\frac{n}{m}$ enthält. Denn es gilt (vgl. auch Fig. 2.12)

$$\frac{m}{n} \cdot \frac{n}{m} = \frac{m \cdot n}{n \cdot m} = \frac{1}{1} = 1$$

Schließlich finden wir zu den Brüchen $\frac{m}{n}$ und $\frac{p}{q}$ stets einen Bruch $\frac{x}{y}$, der die Gleichung

$$\frac{m}{n} \cdot \square = \frac{p}{q}$$

löst. Ein solcher Bruch ist z.B. $\frac{p \cdot n}{q \cdot m}$.

Probe: $\frac{m}{n} \cdot \frac{p \cdot n}{q \cdot m} = \frac{m \cdot p \cdot n}{n \cdot q \cdot m}$

Der Bruch $\frac{m \cdot p \cdot n}{n \cdot q \cdot m}$ gehört zu derselben Verformung wie $\frac{p}{q}$.

Die Menge der Verformungen bildet bezüglich der als Multiplikation bezeichneten Hintereinanderausführung eine Gruppe. Diese Gruppe ist abelsch und hat die Ordnung unendlich.

Sie ist allerdings nicht zyklisch und somit nicht isomorph zu der in Abschn. 2.1.2 erzeugten Gruppe. Das sieht man u.a. auch daran, daß die Verschiebungen immer durch Paare der Gestalt (m, 0) oder (0, n) repräsentiert werden können. Bei den Dehnungen bzw. Stauchungen kommt man mit den Brüchen $\frac{1}{m}$ bzw. $\frac{n}{1}$ aber nicht aus. Es gibt z.B. Verformungen, die den Bruch $\frac{5}{3}$ enthalten, aber keinen der Brüche $\frac{1}{m}$ oder $\frac{n}{1}$.

In der Menge der Verformungen haben wir ein Modell konstruiert, das zur Menge der Bruchzahlen bezüglich der Multiplikation isomorph ist (vgl. Abschn. 1.3.2.4).

B

2.1.4 Die Einbettung einer Halbgruppe in eine Gruppe

2.1.4.1 Eigenschaften der gegebenen Halbgruppe Wir gehen von einer kommutativen Halbgruppe (H, $\circ$) aus. H möge die folgenden drei Lösungseigenschaften haben:

1. $a \circ x = b$ mit $a, b \in H$ habe in H höchstens eine Lösung (Regularität). Falls eine Lösung vorliegt, wird sie mit b/a bezeichnet. Die Regularität besagt, daß in Gleichungen **gekürzt** werden darf.

Z.B. sind die folgenden Gleichungen äquivalent. Aus $a \circ b = a \circ c$ folgt $b = c$ und umgekehrt.

2. $a \circ x = a$ sei in H stets eindeutig lösbar. Die Lösung werde mit e bezeichnet (Existenz des neutralen Elements).

3. Für $a \neq e$ sei die Gleichung $a \circ x = e$ unlösbar (Nichtexistenz inverser Elemente).

Über die Halbgruppe können wir weitere Aussagen machen.

Satz 2.1 In H kann eine Ordnungsrelation erklärt werden:

$$a \prec b \text{ genau dann, wenn } a \circ x = b \text{ in H lösbar ist.}$$

B e w e i s. Die Ordnung ist reflexiv, da nach Eigenschaft 2 für alle $a \in H$ gilt: $a \circ e = a$.
Die Ordnung ist transitiv, weil aus der Lösbarkeit von $a \circ x = b$ und $b \circ y = c$ durch Einsetzen $a \circ (x \circ y) = c$ folgt.
Schließlich ist die Ordnung identitiv (antisymmetrisch). Denn aus der Lösbarkeit von $a \circ x = b$ und $b \circ y = a$ folgt durch Einsetzen

$$a \circ (x \circ y) = a$$

Daraus folgt

$$x \circ y = e \qquad \text{(nach 2)}$$

und $\quad x = y = e \qquad$ (nach 3)

Das bedeutet $a = b$.

Satz 2.2 Die zuvor erklärte Ordnung „$\prec$" ist mit der Verknüpfung „$\circ$" verträglich:

$$a \prec b \text{ genau dann, wenn } a \circ c \prec b \circ c \qquad \text{für } a, b, c \in H.$$

B e w e i s. Aus $a \circ x = b$ ist in H lösbar folgt

$$c \circ (a \circ x) = c \circ b$$

Wegen der Kommutativität und Assoziativität von „$\circ$" gilt

$$(a \circ c) \circ x = b \circ c;$$

d.h. $\quad a \circ c \prec b \circ c$

Umgekehrt folgt aus

$$(a \circ c) \circ x = b \circ c$$

$$a \circ x = b \qquad \text{wegen der Regularität 1}$$

Also

$$a \prec b$$

Satz 2.3 In H gilt $a \prec b$ genau dann, wenn $e \prec b/a$.

B e w e i s. Nach Definition (Satz 2.1) gilt $a \prec b$ genau dann, wenn $a \circ x = b$ in H lösbar ist.
Da $a \circ e = a$, ist dazu gleichwertig

$$a \circ e \prec b \qquad \text{oder} \qquad a \circ e \prec a \circ x$$

Das ist äquivalent zu

$$(a \circ e) \circ y = a \circ x$$

B

oder $a \circ (e \circ y) = a \circ x$

oder $e \circ y = x$ wegen 1

oder $e \prec x$ nach Satz 2.1

oder $e \prec b/a$

Satz 2.4 Für alle $a \in H$ gilt $e \prec a$.

B e w e i s. Weil $e \circ a = a$ für alle $a \in H$ gilt, ist stets $e \prec a$.

Satz 2.5 Gilt in H $a \prec c$ und ist $a \circ b = c \circ d$, dann gilt $d \prec b$.

B e w e i s. Einsetzen von $a \circ x = c$ liefert

$$a \circ b = (a \circ x) \circ d$$

Wegen der Regularität folgt

$$b = x \circ d \qquad \text{d.h.} \qquad d \prec b$$

Satz 2.6 Ist die Relation „$\prec$" konnex, so gilt für alle $a, b \in H$ mit $a \neq b$ entweder $a/b \in H$ oder $b/a \in H$.

B e w e i s. Nach Voraussetzung gilt für alle $a, b \in H$ mit $a \neq b$

$$a \prec b \qquad \text{oder} \qquad b \prec a$$

d.h. $a \circ x = b$ oder $b \circ y = a$ sind lösbar, d.h. $b/a \in H$ oder $a/b \in H$.
Falls $a/b \in H$ und $b/a \in H$, dann ist

$$b \circ a/b = a \qquad \text{und} \qquad a \circ b/a = b$$

Durch Einsetzen folgt

$$b \circ a/b \circ b/a = b$$

d.h., die beiden Lösungen sind zueinander invers. Das ist ein Widerspruch zu 3. Somit bleibt nur, daß entweder $a/b \in H$ oder $b/a \in H$ ist.

Beispiele 1. Wir betrachten das Gebilde $(\mathbf{N}_0, +)$. Dann können wir die Relation „$\prec$" mit „$\leqslant$" (kleiner oder gleich) identifizieren. Da diese Relation konnex ist, können die Elemente von $\mathbf{N}_0$ bezüglich „$x \leqslant y$" linear angeordnet werden (vgl. Abschn. 2.1.4.3).
2. In dem Gebilde $(\mathbf{N}, \cdot)$ können wir „$\prec$" als Teilbarkeitsrelation interpretieren. Die Relation

$$R = \{(x, y) \mid x \text{ teilt } y\}$$

ist nicht konnex. Infolgedessen führt sie nur zu einer Halbordnung in **N** (vgl. Abschn. 2.1.4.4)

2.1.4.2 Die Erweiterung der Halbgruppe Um die Halbgruppe $(H, \circ)$ zu einer G r u p p e zu erweitern, bilden wir zunächst das kartesische Produkt

$$H \times H = \{(a, b) \mid a \in H \text{ und } b \in H\}$$

und erklären in dieser Menge
1. eine Äquivalenzrelation,
2. eine Ordnungsrelation,
3. eine Verknüpfung.

Dabei soll die neue Menge so konstruiert werden, daß die in H geltenden Gesetzmäßigkeiten auch in dem umfassenden Bereich erhalten bleiben.

Definition 2.1 Zwei Paare (a, b) und (c, d) aus H x H heißen ä q u i v a l e n t (in Zeichen: (a, b) ~ (c, d)) genau dann, wenn gilt:

$$a \circ d = b \circ c$$

Satz 2.7 Die „~-Relation“ ist eine Äquivalenzrelation.

B e w e i s. Die Relation ist reflexiv; denn für alle (a, b) ∈ H x H gilt (a, b) ~ (a, b), weil H bezüglich „○“ als kommutativ vorausgesetzt ist:

$$a \circ b = b \circ a.$$

Die Relation ist symmetrisch; denn (a, b) ~ (c, d) bedeutet nach Definition

$$a \circ d = b \circ c$$

Wegen der Kommutativität von „○“ folgt

$$c \circ b = d \circ a$$

Diese Gleichung bedeutet

$$(c, d) \sim (a, b)$$

Schließlich ist die Relation transitiv. Sei (a, b) ~ (c, d) und (c, d) ~ (f, g), dann bedeutet das laut Definition

$$a \circ d = b \circ c \qquad \text{und} \qquad c \circ g = d \circ f$$

Durch Zusammenfassen und Umstellen folgt daraus

$$a \circ d \circ c \circ g = b \circ c \circ d \circ f$$

$$a \circ g \circ (c \circ d) = b \circ f \circ (c \circ d)$$

Wegen der Regularität 1 gilt

$$a \circ g = b \circ f \qquad \text{oder} \qquad (a, b) \sim (f, g).$$

Die Ä q u i v a l e n z r e l a t i o n „~“ führt zu einer K l a s s e n e i n t e i l u n g in H x H. Die Menge der Klassen bezeichnen wir mit G. Die Klasse, zu der das Element (a, b) gehört, wird mit $\overline{(a, b)}$ bezeichnet.

Definition 2.2

$$\overline{(a, b)} = \{(x, y) \mid (x, y) \in H \times H \text{ und } (x, y) \sim (a, b)\}$$

B Als nächstes werden wir in H x H eine Ordnungsrelation erklären.

Definition 2.3 Für zwei Paare (a, b) und (c, d) aus H x H soll gelten $(a, b) \lessdot (c, d)$ genau dann, wenn $a \circ d \prec b \circ c$ gilt.

Satz 2.8 Die „$\lessdot$-Relation" ist eine Ordnungsrelation.

B e w e i s. Die Relation ist reflexiv; denn wegen $a \circ b \prec a \circ b$ folgt $(a, b) \lessdot (a, b)$ und umgekehrt.

Die Relation ist transitiv;

$$(a, b) \lessdot (c, d) \quad \text{und} \quad (c, d) \lessdot (f, g)$$

heißt $\quad a \circ d \prec b \circ c \quad$ und $\quad c \circ g \prec d \circ f.$

Nach Satz 2.1 bedeutet das

$$a \circ d \circ x = b \circ c \quad \text{und} \quad c \circ g \circ y = d \circ f$$

Durch Zusammenfassen folgt

$$a \circ d \circ x \circ c \circ g \circ y = b \circ c \circ d \circ f$$

Durch Umstellen folgt mit der Regularität 1

$$a \circ g \circ x \circ y = b \circ f$$

oder $\quad a \circ g \prec b \circ f \quad$ oder $\quad (a, b) \lessdot (f, g)$

Die Relation ist identitiv;

$$(a, b) \lessdot (c, d) \quad \text{und} \quad (c, d) \lessdot (a, b)$$

bedeutet

$$a \circ d \prec b \circ c \quad \text{und} \quad c \circ b \prec d \circ a$$

oder nach Satz 2.1

$$a \circ d \circ x = b \circ c \quad \text{und} \quad c \circ b \circ y = d \circ a$$

Durch Einsetzen folgt

$$a \circ d \circ x \circ y = a \circ d$$

Nach 2 heißt das $x \circ y = e$ und nach 3: $x = y = e$.

Also

$$a \circ d = b \circ c$$

Die Paare (a, b) und (c, d) sind äquivalent.

Satz 2.9 Die Ordnungsrelation ist mit der Äquivalenzrelation verträglich, d.h., die Ordnung ist auf die Klassen übertragbar. Sei

$$(a, b) \lessdot (c, d) \quad \text{und} \quad (a, b) \sim (a', b') \quad \text{und} \quad (c, d) \sim (c', d'),$$

B

dann gilt

$$(a', b') \prec\cdot (c', d')$$

B e w e i s. Nach Definition gilt

$$a \circ b' = b \circ a' \qquad \text{und} \qquad c \circ d' = d \circ c'$$

Durch Zusammenfassen folgt

$$a \circ d \circ b' \circ c' = b \circ c \circ a' \circ d'$$

Da $(a, b) \prec\cdot (c, d)$ ist, bedeutet das $a \circ d \prec b \circ c$. Auf Grund von Satz 2.5 folgt damit

$$a' \circ d' \prec b' \circ c' \qquad \text{oder} \qquad (a', b') \prec\cdot (c', d').$$

Auf Grund dieses Satzes kann die Ordnung der Klassen auf die Ordnung der Paare aus H x H zurückgeführt werden. Dabei kann jedes Paar durch ein äquivalentes ersetzt werden.

Satz 2.10 Falls für $a, b \in H$ gilt $a \prec b$, dann sind folgende Paare äquivalent:

$$(a, b) \sim (e, b/a) \qquad \text{und} \qquad (b, a) \sim (b/a, e)$$

B e w e i s. Nach Satz 2.3 gilt $a \prec b$ genau dann, wenn $e \prec b/a$ ist. In diesem Fall ist $b/a \in H$

$$\text{und} \qquad a \circ b/a = b \circ e = b \qquad \text{bzw.} \qquad b = b \circ e = a \circ b/a$$

Falls die Ordnungsrelation konnex ist, zerfällt die Menge G in zwei Teilmengen, die folgendermaßen charakterisiert werden können:

$$\{\overline{(e, h)} \mid h \in H \text{ und } h \neq e\} \qquad \text{und} \qquad \{\overline{(h, e)} \mid h \in H\}$$

Eine dieser Teilmengen werden wir mit H identifizieren; die andere kommt als sog. N e g a t i v b e r e i c h zu H hinzu.

Zuletzt wollen wir in H x H eine V e r k n ü p f u n g $\square$ erklären.

Definition 2.4 Für (a, b) und (c, d) aus H x H verstehen wir unter $(a, b) \square (c, d)$ das Paar $(a \circ c, b \circ d)$, also

$$(a, b) \square (c, d) = (a \circ c, b \circ d).$$

Satz 2.11 Die Verknüpfung „$\square$" ist kommutativ, assoziativ und hat das Paar (e, e) als neutrales Element.

B e w e i s. Auf Grund der Definition werden die Aussagen von H bezüglich „$\circ$" auf die entsprechenden Aussagen von H x H bezüglich „$\square$" übertragen.

Kommutativität:

$$\begin{aligned}(a, b) \square (c, d) &= (a \circ c, b \circ d)\\ &= (c \circ a, d \circ b)\\ &= (c, d) \square (a, b)\end{aligned}$$

B Assoziativität: Der Beweis verläuft sinngemäß.

Neutrales Element:

$$(a, b) \square (e, e) = (a \circ e, b \circ e) = (a, b)$$

$$(e, e) \square (a, b) = (e \circ a, e \circ b) = (a, b)$$

Satz 2.12 Die Verknüpfung „$\square$" ist mit der Äquivalenzrelation verträglich, d.h., die Verknüpfung ist auf die Klassen übertragbar.

Sei $(a, b) \sim (a', b')$ und $(c, d) \sim (c', d')$, dann gilt

$$(a, b) \square (c, d) = (a', b') \square (c', d')$$

Beweis. $(a, b) \sim (a', b')$ bedeutet $a \circ b' = b \circ a'$; $(c, d) \sim (c', d')$ bedeutet $c \circ d = d \circ c'$.

Durch Zusammenfassen und Umordnen folgt

$$a \circ c \circ b' \circ d' = b \circ d \circ a' \circ c'$$

oder $\quad (a \circ c, b \circ d) \sim (a' \circ c', b' \circ d')$

oder $\quad (a, b) \square (c, d) = (a', b') \square (c', d')$

Wir können also zwei Klassen aus G verknüpfen, indem wir dazu zwei Vertreterpaare aus H x H miteinander verknüpfen. Jedes Paar kann durch ein anderes äquivalentes ersetzt werden, weil auf Grund des letzten Satzes die Verknüpfung „$\square$" repräsentantenunabhängig ist.

Satz 2.13 In H x H besitzt jedes Element ein Inverses.

Beweis. Die Gleichungen

$$(a, b) \square \triangle = (e, e) \qquad \text{und} \qquad \square \square (a, b) = (e, e)$$

werden jeweils durch das Paar (b, a) erfüllt; denn

$$\begin{aligned}(a, b) \square (b, a) &= (a \circ b, b \circ a)\\ &= (a \circ b, a \circ b)\\ &\sim (e, e)\end{aligned}$$

Satz 2.14 Die Verknüpfung „$\square$" ist mit der Ordnung „$\prec\cdot$" verträglich. Aus $(a, b) \prec\cdot (c, d)$ folgt $(a, b) \square (f, g) \prec\cdot (c, d) \square (f, g)$ und umgekehrt.

Beweis. $(a, b) \prec\cdot (c, d)$ ist gleichwertig zu folgenden Aussagen:

$$a \circ d \prec b \circ c$$

$$a \circ d \circ x = b \circ c$$

$$a \circ d \circ f \circ g \circ x = b \circ c \circ f \circ g$$

$$(a \circ f) \circ (d \circ g) \circ x = (b \circ g) \circ (c \circ f)$$

$$(a \circ f) \circ (d \circ g) \prec (b \circ g) \circ (c \circ f)$$

B

$(a \circ f, b \circ g) \prec\!\cdot\; (c \circ f, d \circ g)$

$(a, b) \,\Box\, (f, g) \prec\!\cdot\, (c, d) \,\Box\, (f, g)$

In dem Gebilde (G, □) haben wir die gesuchte Gruppe gefunden. Die Elemente von G sind Klassen von Paaren aus H x H. Die Gruppe G kann bezüglich „$\prec\!\cdot$" geordnet werden. Dabei ist die Verknüpfung „□" mit der Ordnung „$\prec\!\cdot$" verträglich.

Wir wollen jetzt noch zeigen, wie die gegebene Halbgruppe H in die Gruppe G eingebettet werden kann.

Jedem $h \in H$ können wir die Klasse $\overline{(h, e)} \in G$ bijektiv zuordnen.

In der Klasse $\overline{(h, e)}$ liegen alle Paare $(a, b) \in H \times H$, für die $a = b \circ h$ gilt.

Das bedeutet weiter $b \prec a$ und $a/b \in H$ oder $\overline{(a/b, e)} \in G$.

Diese Abbildung ist außerdem operations- und relationstreu; denn es gilt

$(h_1, e) \,\Box\, (h_2, e) = (h_1 \circ h_2, e)$

$(h_1, e) \prec\!\cdot\; (h_2, e)$ genau dann, wenn $h_1 \circ e \prec e \circ h_2$ oder $h_1 \prec h_2$

Also sind die Gebilde $(H, \circ, \prec)$ und $(G^*, \Box, \prec\!\cdot)$ isomorph.

Dabei bedeutet G^* die Teilmenge von G, deren Elemente die Gestalt $\overline{(h, e)}$ haben.

Die andere Teilmenge G^- von G, deren Elemente die Form $\overline{(e, h)}$ mit $h \neq e$ haben, bezeichnen wir als sog. Negativbereich.

Den hier allgemein skizzierten Vorgang wollen wir im folgenden auf die Gebilde $(\mathbf{N}_0, +)$ und $(\mathbf{N}, \cdot)$ anwenden. Wir gelangen dann zur additiven Gruppe der ganzen Zahlen $(\mathbf{Z}, +)$ mit der „$\leqslant$-Relation" bzw. zur multiplikativen Gruppe der Bruchzahlen $(\mathbf{B}, \cdot)$ (positiven rationalen Zahlen) mit der Teilerrelation.

2.1.4.3 Einbettung von $(\mathbf{N}_0, +)$ in $(\mathbf{Z}, +)$ Wir halten uns zunächst an die in Abschn. 2.1.4.1 festgelegte Reihenfolge. Der Halbgruppe $(H, \circ)$ entspricht das Gebilde $(\mathbf{N}_0, +)$. In $(\mathbf{N}_0, +)$ sind die folgenden drei Bedingungen erfüllt:

1. $m + x = n$ mit $m, n \in \mathbf{N}_0$ hat in $\mathbf{N}_0$ höchstens eine Lösung. Falls die Lösung existiert, schreiben wir $x = n - m$. Auf Grund der Regularität folgt aus $m + k = n + k$ die Gleichung $m = n$ und umgekehrt.

2. Für alle $m \in \mathbf{N}_0$ gilt $m + 0 = m$, d.h., 0 ist neutrales Element bezüglich der Addition.

3. Für $m \neq 0$ ist die Gleichung $m + x = 0$ in $\mathbf{N}_0$ unlösbar.

Wir setzen $m \leqslant n$ genau dann, wenn $m + x = n$ in $\mathbf{N}_0$ lösbar ist. (vgl. Satz 2.1). Dann ist $n - m \in \mathbf{N}_0$. Ferner gilt in $\mathbf{N}_0$

$m \leqslant n$ genau dann, wenn $m + k \leqslant n + k$ (vgl. Satz 2.2)

oder $m \leqslant n$ genau dann, wenn $0 \leqslant n - m$ (vgl. Satz 2.3)

$0 \leqslant m$ für alle $m \in \mathbf{N}_0$ (vgl. Satz 2.4)

Aus $m \leqslant k$ und $m + n = k + \ell$ folgt für $k, \ell, m, n \in \mathbf{N}_0$: $\ell \leqslant n$ (vgl. Satz 2.5).

B Die „$\leqslant$-Relation" ist konnex. Infolgedessen gilt für alle $m, n \in \mathbf{N}_0$ mit $m \neq n$ entweder $m - n \in \mathbf{N}_0$ oder $n - m \in \mathbf{N}_0$, d.h., entweder ist $n \leqslant m$ oder $m \leqslant n$ (vgl. Satz 2.6).
Analog dem in Abschn. 2.1.4.2 verfolgten Weg bilden wir das kartesische Produkt $\mathbf{N}_0 \times \mathbf{N}_0$.

$$\mathbf{N}_0 \times \mathbf{N}_0 = \{(m, n) \mid m, n \in \mathbf{N}_0\}$$

Es gilt genau dann $(k, \ell) \sim (m, n)$, wenn $k + n = \ell + m$ ist.

Beispiel. $(9, 14) \sim (16, 21)$, weil $9 + 21 = 14 + 16$ ist und umgekehrt.

Unter der Klasse $\overline{(m, n)}$ verstehen wir die Menge

$$\overline{(m, n)} = \{(x, y) \mid (x, y) \in \mathbf{N}_0 \times \mathbf{N}_0 \text{ und } (x, y) \sim (m, n)\}$$

Für die Ordnung der Paare gilt $(k, \ell) \leqslant\cdot (m, n)$ genau dann, wenn $k + n \leqslant \ell + m$ ist.

Beispiel. $(5, 8) \leqslant\cdot (9, 4)$ weil $5 + 4 \leqslant 8 + 9$ ist und umgekehrt.
Satz 2.9 stellt im wesentlichen die Äquivalenz zwischen Klassen, Paaren aus $\mathbf{N}_0 \times \mathbf{N}_0$ und Elementen aus $\mathbf{N}_0$ heraus:

$$\overline{(k, \ell)} \leqslant\cdot \overline{(m, n)} \text{ genau dann, wenn } (k, \ell) \leqslant\cdot (m, n)$$

genau dann, wenn $k + n \leqslant \ell + m$.
Entsprechend Satz 2.10 gelten folgende Aussagen:

$m \leqslant n$ genau dann, wenn

$$(m, n) \sim (0, n - m) \qquad \text{und} \qquad (n, m) \sim (n - m, 0).$$

Beispiel. Aus $3 \leqslant 5$ folgt $(3, 5) \sim (0, 5 - 3)$ und $(5, 3) \sim (5 - 3, 0)$ und umgekehrt.

Alle Klassen können auf die Gestalt $\overline{(0, m)}$ mit $m \in \mathbf{N}$ oder $(n, 0)$ mit $n \in \mathbf{N}_0$ gebracht werden.
Für die Verknüpfung „$\boxplus$" der Paare gilt

$$(k, \ell) \boxplus (m, n) = (k + m, \ell + n)$$

Die Addition „$\boxplus$" ist kommutativ und assoziativ; $(0, 0)$ ist neutrales Element bezüglich „$\boxplus$" (vgl. Satz 2.11).
Auf Grund von Satz 2.12 kann die Addition auf die Klassen übertragen werden:

$$\overline{(k, \ell)} \boxplus \overline{(m, n)} = \overline{(k + m, \ell + n)}$$

Jedes Paar (m, n) bzw. jede Klasse $\overline{(m, n)}$ besitzt bezüglich „$\boxplus$" ein Inverses (vgl. Satz 2.13); denn es gilt

$$(m, n) \boxplus (n, m) = (m + n, n + m) \sim (0, 0)$$

Schließlich sind „$\boxplus$" und „$\leqslant\cdot$" miteinander verträglich (vgl. Satz 2.14):
Aus $(k, \ell) \leqslant\cdot (m, n)$ folgt $(k + \ell) \boxplus (r, s) \leqslant\cdot (m + n) \boxplus (r, s)$

Beispiel. Aus $(2, 7) \leqslant\cdot (4, 3)$ folgt $(2, 7) \boxplus (1, 5) \leqslant\cdot (4, 3) \boxplus (1, 5)$ oder $(3, 12) \leqslant\cdot (5, 8)$ und umgekehrt.

In der Menge der Klassen aus $\mathbf{N}_0 \times \mathbf{N}_0$ haben wir die gesuchte geordnete Gruppe erhalten. **B**
Wir bezeichnen sie mit $\mathbf{Z}$ und schreiben für die Addition wieder „+" und für die Relationsvorschrift „$\leqslant$". Wir nennen $\mathbf{Z}$ die Menge der *ganzen Zahlen*.

Für das Paar (m, n) schreiben wir im folgenden $(m - n)$. In $\mathbf{Z}$ existiert nach dem Vorhergehenden für alle $m, n \in \mathbf{N}_0$ immer die Differenz $m - n$ (im Gegensatz zu $\mathbf{N}_0$; vgl. Bedingung 1 und 3).

$$\mathbf{Z} = \{\overline{(m - n)} \mid m \in \mathbf{N}_0 \text{ und } n \in \mathbf{N}_0\}$$

Dabei gilt $\overline{(m - n)} = \overline{(k - \ell)}$ genau dann, wenn $m + \ell = n + k$ ist.

Insbesondere können wir jedem $n \in \mathbf{N}_0$ die Klasse $\overline{(n, 0)} \in \mathbf{Z}$ zuordnen. Die Teilmenge dieser Klassen bezeichnen wir mit $\mathbf{Z}^*$.

Nach den allgemeinen Ausführungen in Abschn. 2.1.4.2 ist das Gebilde

$$(\mathbf{N}_0, +, \leqslant) \qquad \text{isomorph zu} \qquad (\mathbf{Z}^*, +, \leqslant).$$

Darum identifizieren wir die Menge der *positiven ganzen Zahlen* einschließlich der Null $\mathbf{Z}^*$ mit der Menge der *natürlichen Zahlen* einschließlich der Null $\mathbf{N}_0$.

Den sog. Negativbereich $\mathbf{Z}^-$, dessen Elemente die Gestalt $\overline{(0, m)}$ mit $m \in \mathbf{N}$ haben, nennen wir die Menge der *negativen ganzen Zahlen*.

Es gilt $\quad \mathbf{Z} = \mathbf{Z}^* \cup \mathbf{Z}^-$

oder $\quad \mathbf{Z} = \mathbf{Z}^+ \cup \{0\} \cup \mathbf{Z}^-$

Darin ist $\mathbf{Z}^+$ die Menge der *positiven ganzen Zahlen*.

Für die positiven ganzen Zahlen $\overline{(n, 0)}$ mit $n \in \mathbf{N}$ schreiben wir wegen der Isomorphie zu $\mathbf{N}$ kurz n, für das neutrale Element $\overline{(0, 0)}$ kurz 0 und für die negativen ganzen Zahlen $\overline{(0, m)}$ mit $m \in \mathbf{N}$ kurz $-m$.

Damit haben wir den Zusammenhang mit der üblichen Schreibweise hergestellt.

Somit gilt

$$\mathbf{Z} = \{\ldots, -m, \ldots, -2, -1, 0, 1, 2, \ldots, n, \ldots\}$$

$(\mathbf{Z}, +)$ ist eine zyklische Gruppe der Ordnung unendlich. 0 ist neutrales Element und zur Zahl x ist $-x$ das Inverse. Die Gruppe kann von den Elementen 1 oder -1 erzeugt werden.

$(\mathbf{Z}, +)$ ist isomorph zur Gruppe $(G, \oplus)$ der Verschiebungen (vgl. Ende Abschn. 2.1.2).

2.1.4.4 Einbettung von $(\mathbf{N}, \cdot)$ in $(\mathbf{B}, \cdot)$ Ähnlich wie im letzten Abschnitt halten wir uns auch jetzt an den in Abschn. 2.1.4.1 und 2.1.4.2 allgemein vorgezeichneten Weg. Der Halbgruppe $(H, \circ)$ entspricht jetzt das Gebilde $(\mathbf{N}, \cdot)$.

In $(\mathbf{N}, \cdot)$ sind folgende Bedingungen erfüllt:

1. $m \cdot x = n$ mit $m, n \in \mathbf{N}$ hat in $\mathbf{N}$ höchstens eine Lösung. Falls die Lösung existiert,

B schreiben wir $x = \frac{n}{m}$. Die Gleichung $m \cdot k = n \cdot k$ darf durch k gekürzt werden (Regularität).

2. Für alle $m \in \mathbf{N}$ gilt $m \cdot 1 = m$. 1 ist neutrales Element (Einheitselement) bezüglich der Multiplikation.

3. Für $m \neq 1$ ist die Gleichung $m \cdot x = 1$ in **N** unlösbar.

Wir setzen $m \mid n$ (m teilt n) genau dann, wenn die Gleichung $m \cdot x = n$ in **N** lösbar ist (vgl. Satz 2.1).

Weiter gilt in **N**:

Aus $m \mid n$ folgt $m \cdot k \mid n \cdot k$ und umgekehrt (vgl. Satz 2.2)

oder $m \mid n$ genau dann, wenn $1 \mid \frac{n}{m}$ (vgl. Satz 2.3).

In diesem Fall ist $\frac{n}{m} \in \mathbf{N}$.

$1 \mid m$ gilt für alle $m \in \mathbf{N}$ (vgl. Satz 2.4).

Aus $m \mid k$ und $m \cdot n = k \cdot \ell$ folgt $\ell \mid n$ (vgl. Satz 2.5).

Die Teilbarkeitsrelation ist nicht konnex, z.B. gilt weder $2 \mid 5$ noch $5 \mid 2$.

Für die folgende Erweiterung gehen wir vom kartesischen Produkt $\mathbf{N} \times \mathbf{N}$ aus. Zwei Paare aus $\mathbf{N} \times \mathbf{N}$ gelten als äquivalent, d.h. $(k, \ell) \sim (m, n)$ genau dann, wenn gilt: $k \cdot n = \ell \cdot m$.

Beispiel. $(8, 10) \sim (12, 15)$, weil $8 \cdot 15 = 10 \cdot 12$ und umgekehrt ist.

Unter der Klasse $\overline{(m, n)}$ verstehen wir jetzt die Menge

$$\overline{(m, n)} = \{(x, y) \mid (x, y) \in \mathbf{N} \times \mathbf{N} \text{ und } (x, y) \sim (m, n)\}$$

Für die Paare (k, ℓ) und (m, n) gilt

$$(k, \ell) \mid\!\cdot\, (m, n), \text{ genau dann, wenn } \quad k \cdot n \mid \ell \cdot m$$

Beispiel. $(4, 9) \mid\!\cdot\, (8, 6)$, weil $4 \cdot 6 \mid 9 \cdot 8$ ist und umgekehrt.

Auch jetzt besteht folgende Äquivalenz zwischen Klassen, Paaren aus $\mathbf{N} \times \mathbf{N}$ und Elementen aus **N** (vgl. Satz 2.9):

$$\overline{(k, \ell)} \mid\!\cdot\, \overline{(m, n)} \text{ genau dann, wenn } \quad (k, \ell) \mid\!\cdot\, (m, n) \text{ genau dann, wenn } k \cdot n \mid \ell \cdot m.$$

Die in Satz 2.10 formulierten Aussagen besagen jetzt:

$m \mid n$ genau dann, wenn

$$(m, n) \sim \left(1, \frac{n}{m}\right) \quad \text{und} \quad (n, m) \sim \left(\frac{n}{m}, 1\right).$$

Beispiel. Aus $4 \mid 12$ folgt $(4, 12) \sim \left(1, \frac{12}{4}\right)$ und $(12, 4) \sim \left(\frac{12}{4}, 1\right)$ und umgekehrt.

In diesem Fall können die Klassen nicht immer auf die Form $\overline{(1, m)}$ oder $\overline{(n, 1)}$ gebracht werden, z.B. gibt es kein zu (3, 4) äquivalentes Paar, das die Gestalt (1, m) oder (n, 1) hat. Der Grund liegt darin, daß die Teilbarkeitsrelation nicht konnex ist. **B**

Die Verknüpfung „$\boxdot$" der Paare schreibt sich in diesem Fall

$$(k, \ell) \boxdot (m, n) = (k \cdot m, \ell \cdot n)$$

Die Multiplikation $\boxdot$ ist kommutativ und assoziativ und hat das Paar (1, 1) als neutrales Element (vgl. Satz 2.11)

Die Verknüpfung $\boxdot$ kann auf die Klassen ausgedehnt werden (vgl. Satz 2.12):

$$\overline{(k, \ell)} \boxdot \overline{(m, n)} = \overline{(k \cdot m, \ell \cdot n)}$$

Die Klasse $\overline{(n, m)}$ ist bezüglich $\boxdot$ invers zu $\overline{(m, n)}$; denn es gilt

$$\overline{(m, n)} \boxdot \overline{(n, m)} = \overline{(m \cdot n, n \cdot m)} = \overline{(1, 1)} \qquad \text{(vgl. Satz 2.13)}$$

Des weiteren sind „$\boxdot$" und „$|\cdot$" miteinander verträglich (vgl. Satz 2.14):

Aus $(k, \ell) \,|\cdot\, (m, n)$ folgt $(k, \ell) \boxdot (r, s) \,|\cdot\, (m, n) \boxdot (r, s)$ und umgekehrt.

B e i s p i e l. Aus $(2, 9) \,|\cdot\, (4, 6)$ folgt $(2, 9) \boxdot (5, 3) \,|\cdot\, (4, 6) \boxdot (5, 3)$ oder $(10, 27) \,|\cdot\, (20, 18)$ und umgekehrt.

Die Menge der Klassen aus $\mathbf{N} \times \mathbf{N}$ ist die gesuchte geordnete Gruppe. Wir bezeichnen sie mit **B**. Für die Multiplikation schreiben wir wieder „$\cdot$" und für die Relationsvorschrift „ | " (verallgemeinerte Teilerrelation). **B** nennen wir Menge der Bruchzahlen (oder Menge der positiven rationalen Zahlen $\mathbf{Q}^+$). Für das Paar (m, n) schreiben wir wieder den Bruch $\frac{m}{n}$. Der Quotient $\frac{m}{n}$ oder m : n existiert in **B** für beliebige m, $n \in \mathbf{N}$ (im Gegensatz zu **N**; vgl. Bedingung 1 und 3). Die Klasse $\frac{\overline{m}}{n}$ repräsentieren wir wieder durch den Bruch $\frac{m}{n}$ (vgl. Abschn. 1.3.1.2).

$$\mathbf{B} = \left\{ \frac{\overline{m}}{n} \mid m \in \mathbf{N} \text{ und } n \in \mathbf{N} \right\}$$

Es gilt $\frac{\overline{m}}{n} = \frac{\overline{k}}{\ell}$ genau dann, wenn $m \cdot \ell = n \cdot k$ ist.

Speziell ordnen wir jedem $n \in \mathbf{N}$ die Klasse $\overline{(n, 1)}$ zu. Diese Teilmenge von **B** bezeichnen wir mit **B***.

Die Gebilde

$$(\mathbf{N}, \cdot, |) \qquad \text{und} \qquad (\mathbf{B}^*, \cdot, |)$$

sind nach den Ausführungen in Abschn. 2.1.4.2 isomorph. Darum identifizieren wir die Elemente von **B*** mit den natürlichen Zahlen und schreiben für $\overline{(n, 1)}$ kurz n. Entsprechend bezeichnen wir das Einheitselement $\overline{(1, 1)}$ mit 1.

Die Gruppe (**B**, $\cdot$) ist isomorph zu der Gruppe, die wir am Ende von Abschn. 2.1.3 diskutiert haben.

C

2.1.5 Die Einführung ganzer Zahlen im Unterricht

Bei der hier verfolgten Konzeption, die auch in den meisten Lehrplänen und Schulbüchern verfolgt wird, werden zunächst in Klasse 6 die positiven rationalen Zahlen (Bruchzahlen) und dann in Klasse 7 oder 8 die negativen ganzen Zahlen eingeführt. Während es für die Notwendigkeit der Erweiterung der natürlichen Zahlen zu den Bruchzahlen eine Fülle praktischer Beispiele gibt, ist es schwierig, die Einführung negativer Zahlen von Anwendungsaufgaben des täglichen Lebens her zu motivieren. Die Gründe für diese Erweiterung sind vorwiegend innermathematischer Natur. Infolgedessen ist es erforderlich, bei der unterrichtlichen Gestaltung dieses Themas ein anschauliches Modell zugrunde zu legen.

In diesem Zusammenhang findet man in Schulbüchern Aufgaben zur Temperaturbestimmung (Thermometermodell) oder zu Soll- und Habenberechnung (Buchungsmodell) oder zu Höhen- oder Wasserstandsbestimmungen. Andere Motivationen werden darin gesehen, daß in $\mathbf{N}_0$ Folgen der Art wie $4-0, 4-1, 4-2, 4-3, 4-4$ nicht beliebig fortgesetzt oder auch in **B** Differenzen wie $3\frac{1}{4} - 5, 80$ nicht gebildet werden können.

Wir schlagen für die unterrichtliche Behandlung der Einführung negativer Zahlen ein Verschiebungsmodell vor, wie wir es bereits in Abschn. 2.1.2 vorgestellt haben. Allerdings erscheint uns das im folgenden diskutierte Modell anschaulicher zu sein, da es konkretes Operieren zuläßt und an Bekanntes anknüpft.

Wir gehen von zwei Pappstreifen aus, auf denen etwa die Zahlen von 0 bis 10 oder bis 15 in gleichen Abständen markiert sind (vgl. Fig. 2.13).

Derartige Pappstreifen können bereits in Klasse 5 bei der Veranschaulichung der Addition natürlicher Zahlen und in Klasse 6 oder 7 als Additionsrechenstab zur Vorbereitung des Multiplikationsrechenstabs eingesetzt werden.

Wir denken uns die obere Skala I verschiebbar, die untere Skala II halten wir fest. Wir verschieben die obere Skala I um 5 nach rechts. Dafür schreiben wir R 5 (vgl. Fig. 2.14).

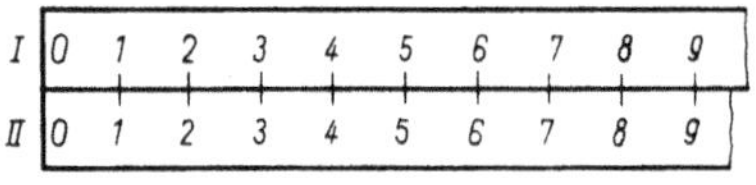

Fig. 2.13

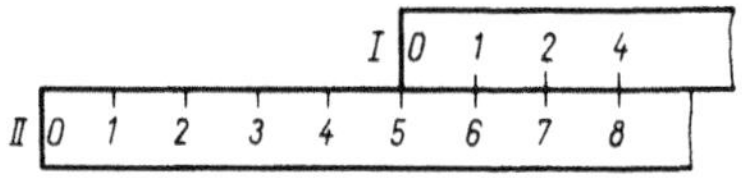

Fig. 2.14

In der folgenden Tabelle sind Zahlen notiert, die sich nach der Verschiebung R 5 gegenüberstehen.

R 5 :

Skala I	0	1	2	...	n	...
Skala II	5	6	7	...	n + 5	...

Vereinbaren wir noch, zuerst die Zahlen auf Skala I, dann die auf Skala II zu nennen, dann kann die Verschiebung R 5 durch folgende Menge von Zahlenpaaren umkehrbar eindeutig gekennzeichnet werden:

$$R\,5 \longleftrightarrow \{(0, 5), (1, 6), (2, 7), \ldots, (n, n+5), \ldots\}$$

C

allgemein

$$R\,m \longleftrightarrow \{(0, m), (1, m+1), \ldots, (n, m+n), \ldots\}$$

Wir überzeugen uns, daß jede Verschiebung bereits durch die Angabe eines Zahlenpaares eindeutig gekennzeichnet ist. Jedes Paar kann die zugehörige Verschiebung vertreten.

B e i s p i e l. (4, 7) gehört zu R 3, aber auch das Paar (0, 3) usw.

Wir können die Skala I auch nach links verschieben, z.B. um 4. Dafür schreiben wir L 4 (vgl. Fig. 2.15).

Die Verschiebung L 4 können wir ebenfalls durch eine Menge von Zahlenpaaren kennzeichnen.

$$L\,4 \longleftrightarrow \{(4, 0), (5, 1), (6, 2), \ldots, (n+4, n), \ldots\}$$

allgemein

$$L\,m \longleftrightarrow \{(m, 0), (m+1, 1), \ldots, (m+n, n), \ldots\}$$

Die in Fig. 2.13 dargestellte Verschiebung können wir als Nullverschiebung bezeichnen, da hier um 0 verschoben wurde. Dafür schreiben wir R 0 oder L 0 oder einfach 0.

$$0 = R\,0 = L\,0 \longleftrightarrow \{(0, 0), (1, 1), \ldots, (n, n), \ldots\}$$

Alle Verschiebungen können wir zur Menge der Verschiebungen V zusammenfassen.

$$V = \{0, R\,1, R\,2, R\,3, \ldots, L\,1, L\,2, L\,3 \ldots\}$$

Dabei können die Elemente von V als Mengen von Zahlenpaaren gedeutet werden.

Verschiebungen können nacheinander ausgeführt werden. In Fig. 2.16 haben wir das mit den Pappstreifen für die Verschiebungen R 3 und R 2 dargestellt.

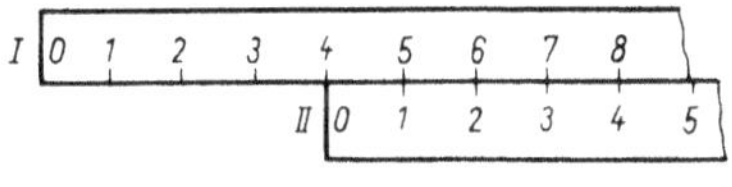

Fig. 2.15

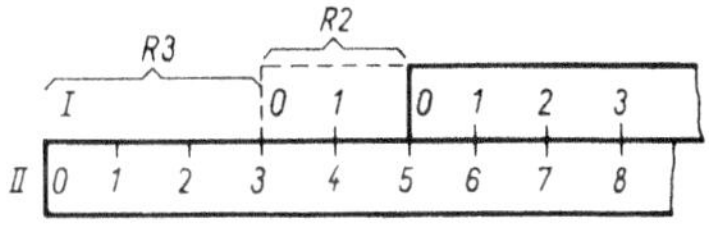

Fig. 2.16

Für „erst R 3, dann R 2" schreiben wir R 3 ⊕ R 2. Wir sehen, daß die beiden nacheinander ausgeführten Verschiebungen R 3 und R 2 durch R 5 ersetzbar sind.

$$R\,3 \oplus R\,2 = R\,5$$

An weiteren Beispielen überzeugen wir uns, daß für die Hintereinanderausführung zweier Rechtsverschiebungen R a und R b gilt:

$$R\,a \oplus R\,b = R(a+b)$$

Entsprechend finden wir, daß auch die Menge der Linksverschiebungen bezüglich der Nacheinanderausführung abgeschlossen ist. Es gilt

$$L\,a \oplus L\,b = L(a+b)$$

C Auch Rechts- und Linksverschiebungen können miteinander verknüpft werden, z.B. L 4 ⊕ R 6 = R 2 (vgl. Fig. 2.17).

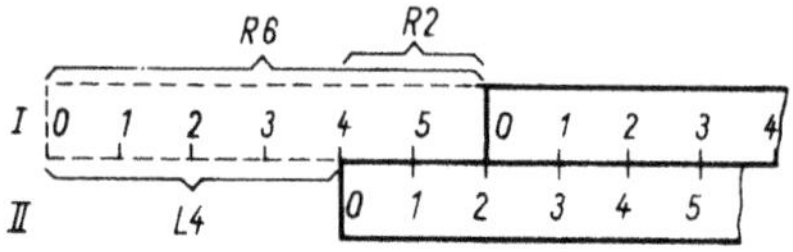

Fig. 2.17

An weiteren Beispielen können wir bestätigen, daß die Menge V aller Verschiebungen bezüglich der „Addition ⊕" abgeschlossen ist. Für das Verknüpfen einer Rechtsverschiebung R a mit einer Linksverschiebung L b können folgende Fälle auftreten:

1. $R\,a \oplus L\,b = L\,b \oplus R\,a = R\,(a-b)$ für $a > b$
2. $R\,a \oplus L\,b = L\,b \oplus R\,a = L\,(b-a)$ für $a < b$
3. $R\,a \oplus L\,b = L\,b \oplus R\,a = 0$ für $a = b$

Für die Hintereinanderausführung beliebiger Verschiebungen V a, V b und V c aus der Menge V finden wir unmittelbar das Kommutativ- und das Assoziativgesetz erfüllt.

$$V\,a \oplus V\,b = V\,b \oplus V\,a$$

$$(V\,a \oplus V\,b) \oplus V\,c = V\,a \oplus (V\,b \oplus V\,c)$$

Die Nullverschiebung ist bezüglich „⊕" neutrales Element:

$$V\,a \oplus 0 = 0 \oplus V\,a = V\,a \qquad \text{für jedes } V\,a \in V.$$

Jede Rechtsverschiebung R a wird durch die Linksverschiebung L a wieder aufgehoben und umgekehrt wird jede Linksverschiebung durch die Rechtsverschiebung R a wieder rückgängig gemacht.

Zu jeder Verschiebung V a gibt es also genau eine Gegenverschiebung V a*, so daß gilt:

$$V\,a \oplus V a^* = V a^* \oplus V a = 0$$

Insbesondere haben wir

$$R\,a^* = L\,a$$

$$L\,a^* = R\,a$$

$$0^* = 0$$

Schließlich können wir uns davon überzeugen, daß in der Menge der Verschiebungen V jede Gleichung der Art V a ⊕ □ = V b eindeutig lösbar ist. Durch Hinzufügen der Gegenverschiebung V a* auf beiden Seiten der Gleichung gelangen wir zur Lösung.

$$V\,a \oplus \square = V\,b$$

$$V\,a^* \oplus (V a \oplus \square) = V\,b \oplus V\,a^*$$

$$(V\,a^* \oplus V a) \oplus \square = V\,b \oplus V\,a^*$$

$$0 \oplus \square = V\,b \oplus V\,a^*$$

$$\square = V\,b \oplus V\,a^*$$

Für V b ⊕ V a* schreiben wir V b ⊖ V a. Damit haben wir in der Menge der Verschie- **C**
bungen V eine „Subtraktion ⊖" eingeführt. Die Differenz V b ⊖ V a bilden wir, indem wir zu V b die Verschiebung V a* addieren.

$$V\,b \ominus V\,a = V\,b \oplus V\,a^*$$

In der Menge der Verschiebungen V kann neben der Addition ⊕ auch die Subtraktion ⊖ (im Gegensatz zur Menge $\mathbf{N}_0$) unbeschränkt ausgeführt werden.

Schließlich können wir die Verschiebungen auch anordnen. Dafür gibt es mehrere Möglichkeiten. Damit Rechen- und Anordnungsgesetze für die natürlichen Zahlen erhalten bleiben, entscheiden wir uns für folgende Ordnung:

$$\ldots \olessthan L\,2 \olessthan L\,1 \olessthan 0 \olessthan R\,1 \olessthan R\,2 \olessthan \ldots$$

Die hier anschaulich eingeführten Verschiebungen setzen wir als Modell für die ganzen Zahlen an. Dabei stehen die Rechtsverschiebungen für die positiven ganzen Zahlen und die Linksverschiebungen für die negativen ganzen Zahlen. Die Nullverschiebung steht für die Zahl 0.

Der Nacheinanderausführung „⊕" von Verschiebungen entspricht die Addition „+" ganzer Zahlen. Insbesondere übertragen sich die Eigenschaften wie Kommutativität und Assoziativität von „⊕" auf „+". Auch die Begriffe wie neutrales Element, Zahl, Gegenzahl und Subtraktion können entsprechend dem Modell für ganze Zahlen erklärt werden. Schließlich werden die ganzen Zahlen an Hand der Ordnung für Verschiebungen angeordnet.

Da sich die *positiven ganzen Zahlen* bezüglich der Addition und der Anordnung wie die natürlichen Zahlen verhalten, werden sie mit ihnen identifiziert. Wir schreiben

$$\mathbf{Z}_p = \mathbf{N} = \{1, 2, 3, \ldots, n, \ldots\}$$

Die *negativen ganzen Zahlen* kennzeichnet man durch ein vorgestelltes Minuszeichen:

$$\mathbf{Z}_n = \{-1, -2, -3, \ldots, -n, \ldots\}$$

Um Mißverständnisse auszuschließen, werden die negativen ganzen Zahlen auch in Klammern gesetzt. Dann schreibt man für – n deutlicher (– n).

Insgesamt gilt

$$\begin{aligned} \mathbf{Z} &= \mathbf{Z}_n \cup \{0\} \cup \mathbf{Z}_p \\ &= \mathbf{Z}_n \cup \{0\} \cup \mathbf{N} \\ &= \mathbf{Z}_n \cup \mathbf{N}_0 \\ &= \{\ldots, -n, \ldots, -2, -1, 0, 1, 2, \ldots, n, \ldots\} \end{aligned}$$

In Fig. 2.18 haben wir *ganze Zahlen* auf der Zahlengeraden veranschaulicht.

In der Menge der ganzen Zahlen $\mathbf{Z}$ ist insbesondere die Subtraktion ohne Einschränkun-

C gen ausführbar. Das bedeutet, daß Gleichungen der Art $a + \square = b$ mit $a, b \in \mathbf{Z}$ stets eindeutig lösbar sind.

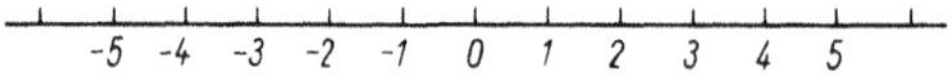

Fig. 2.18

Bis hierher ist die Analogie zwischen Verschiebungen und ganzen Zahlen vollkommen. Sie hört jedoch auf, wenn für ganze Zahlen eine Multiplikation eingeführt werden soll. In diesem Zusammenhang versagt das Verschiebungsmodell.

B Aufgaben

2.1 Bestimmen Sie zu dem Spiel mit zwei Würfeln (Abschn. 2.1.1) die Anzahl der verschiedenen Äquivalenzklassen und die Anzahl der Elemente in den jeweiligen Klassen.

2.2 Wie lauten die entsprechenden Antworten für das in Abschn. 2.1.2 vorgestellte Verschiebungsmodell?

2.3 Prüfen Sie, ob für das Ablegen „$\ominus$“ (s. Abschn. 2.1.2) das Kommutativgesetz gilt.

2.4 Erläutern Sie die Gültigkeit des Kommutativgesetzes für das Aufnehmen „$\oplus$“ (vgl. Fig. 2.5).

2.5 Weisen Sie die Gültigkeit des Assoziativgesetzes für die Multiplikation von Verformungen an Hand einer Skizze nach (vgl. Fig. 2.11).

2.6 Beweisen Sie, daß in $H \times H$ in jede Gleichung der Art $(a, b) \boxdot \bigcirc = (c, d)$ lösbar ist (s. Abschn. 2.1.4.2).

2.7 Weisen Sie direkt nach, daß die Verknüpfung „$\boxplus$“ kommutativ und assoziativ ist (s. Abschn. 2.1.4.3).

2.8 Bestätigen Sie die folgenden Sonderfälle.

a) $(0, 0) \leqslant\cdot (n, 0)$

b) $(0, n) \leqslant\cdot (m, 0)$

c) $(m, 0) \leqslant\cdot (n, 0)$ genau dann, wenn $m \leqslant n$ ist.

d) $(0, m) \leqslant\cdot (0, n)$ genau dann, wenn $n \leqslant m$ ist.

2.9 Prüfen Sie, welche der folgenden Aussagen wahr sind.

a) $(1, 1) \mid\cdot (m, 1)$

b) $(m, 1) \mid\cdot (m, n)$

c) $(1, m) \mid\cdot (n, m)$

d) $(m, n) \mid\cdot (m, 1)$

e) $(1, m) \mid\cdot (1, n)$ genau dann, wenn $n \mid m$.

f) $(m, 1) \mid\cdot (n, 1)$ genau dann, wenn $m \mid n$.

2.10 Beweisen Sie direkt, daß das Paar $(1, 1)$ neutrales Element bezüglich der Multiplikation „$\boxdot$“ ist (s. Abschn. 2.1.4.4).

2.11 Weisen Sie direkt nach, daß in $\mathbf{N} \times \mathbf{N}$ jede Gleichung $(n, m) \boxdot \Delta = (p, q)$ eine Lösung hat. **B**

2.12 Prüfen Sie, ob in der Menge der ganzen Zahlen $\mathbf{Z}$ die Zahl 0 neutrales Element bezüglich der Subtraktion „–" ist.

2.13 Beweisen Sie das Trichotomiegesetz für ganze Zahlen.

2.14 Zeigen Sie, daß die Gebilde $(\mathbf{Z}^-, +, <)$ und $(\mathbf{N}, +, >)$ isomorph sind. Welche Struktur liegt vor?

2.2 Die Erweiterung der Menge der natürlichen Zahlen zum Ring der ganzen Zahlen

2.2.1 Zur Einführung

In Abschn. 2.1.4.3 haben wir die Erweiterung von $(\mathbf{N}_0, +, \leqslant)$ zu $(\mathbf{Z}, +, \leqslant)$ beschrieben. In der Menge der ganzen Zahlen fehlt noch die Definition der Multiplikation. Des weiteren ist es möglich, die Teilbarkeitsrelation von den natürlichen Zahlen auf die ganzen Zahlen zu übertragen.

Im folgenden werden wir die obige Ausweitung in zwei Schritten vollziehen. Zunächst werden wir das Gebilde $(\mathbf{N}_0, \cdot, |)$ durch Hinzunahme eines Negativbereichs zu einem Gebilde $(\mathbf{Z}', \cdot, |)$ erweitern. In einem zweiten Schritt wird die Isomorphie zwischen $(\mathbf{Z}', +, \cdot, \leqslant, |)$ und $(\mathbf{Z}, +, \cdot, \leqslant, |)$ herausgestellt.

2.2.2 Die Konstruktion des Gebildes $(\mathbf{Z}', \cdot, |)$ aus $(\mathbf{N}_0, \cdot, |)$

2.2.2.1 Definition der Menge $\mathbf{Z}'$ Bereits früher haben wir festgestellt, daß das Gebilde $(\mathbf{N}, \cdot)$ eine kommutative reguläre Halbgruppe ist. Die Teilbarkeitsrelation führt zu einer Halbordnung in $\mathbf{N}$. Durch Hinzunahme der Null können „·" und „|" auf $\mathbf{N}_0$ übertragen werden. Dabei ist die Einschränkung zu machen, daß für jedes $m \in \mathbf{N}$ die Division durch 0 ausgeschlossen ist. Dagegen ist 0 durch jedes $n \in \mathbf{N}_0$ teilbar; insbesondere gilt $0 \mid 0$, weil die Gleichung $0 \cdot x = 0$ in $\mathbf{N}_0$ lösbar ist.

Wir wollen das direkte Produkt $\mathbf{Z}'$ von der (eindeutig bestimmten) Gruppe der Ordnung 2 mit $\mathbf{N}_0$ bilden. Diese Gruppe ist kommutativ. Wir können sie z.B. als sog. V o r - z e i c h e n g r u p p e $(V, *)$ realisieren. Dabei ist $V = \{+, -\}$, und die Verknüpfung $*$ der Elemente wird durch die folgende Gruppentafel gegeben.

*	+	–
+	+	–
–	–	+

$$\mathbf{Z}' = V \times \mathbf{N}_0 = \{(\square, n) \mid \square \in V \wedge n \in \mathbf{N}_0\}$$
$$= \{(+, 0), (-, 0), (+, 1), (-, 1), (+, 2), (-, 2), \ldots\}$$

B **2.2.2.2 Erklärung der Verknüpfung „·" in $\mathbf{Z}'$** Für die Elemente von $\mathbf{Z}'$ erklären wir eine Multiplikation „·".

Definition 2.5 Unter dem P r o d u k t $(\square, m) \cdot (\triangle, n)$ verstehen wir das Paar $(\square * \triangle, m \cdot n)$, also

$$(\square, m) \cdot (\triangle, n) = (\square * \triangle, m \cdot n)$$

Da $\square * \triangle$ stets ein Element aus V und $m \cdot n$ immer wieder eine natürliche Zahl ist, ist die Menge $\mathbf{Z}'$ bezüglich der erklärten Multiplikation abgeschlossen.

Des weiteren ist die Multiplikation kommutativ und assoziativ, da „*" in V bzw. „·" in $\mathbf{N}_0$ kommutativ und assoziativ sind.

$(+, 1)$ ist neutrales Element; denn es gilt für alle $(\square, n) \in \mathbf{Z}'$:

$$(+, 1) \cdot (\square, n) = (\square, n) \cdot (+, 1) = (\square, n)$$

Die Gleichung $(\square, n) \cdot (\bigcirc, x) = (+, 1)$ ist in $\mathbf{Z}'$ nur dann lösbar, wenn $n = x = 1$ ist, d.h., nur die Paare $(+, 1)$ und $(-, 1)$ besitzen bezüglich „·" ein Inverses.

Schließlich finden wir auf Grund unserer Kenntnisse über V und $\mathbf{N}_0$, daß für die Lösbarkeit von Gleichungen der Art

$$(\square, n) \cdot (\bigcirc, x) = (\triangle, m)$$

das Folgende gilt:

1. $\square * \bigcirc = \triangle$ ist stets eindeutig lösbar.
2. $n \cdot x = m$ ist genau dann (eindeutig) lösbar, wenn n Teiler von m ist.

Infolgedessen hängt die Lösbarkeit der obigen Gleichung nur davon ab, ob m durch n teilbar ist.

2.2.2.3 Einführung einer Ordnung in $\mathbf{Z}'$ Auf Grund der letzten Aussage bietet sich die folgende Erklärung unmittelbar an.

Definition 2.6 Das Paar $(\square, n)$ t e i l t das Paar $(\triangle, m)$ genau dann, wenn n Teiler von m ist, also

$$(\square, n) \mid (\triangle, m) \text{ genau dann, wenn } n \mid m.$$

Wegen dieses Zusammenhangs können alle Aussagen über Teilbarkeitsbeziehungen von $\mathbf{N}_0$ auf $\mathbf{Z}'$ übertragen werden.

Des weiteren ist die Ordnung mit der Multiplikation verträglich; denn es gilt

Satz 2.15

$$(\square, n) \mid (\triangle, m) \text{ genau dann, wenn}$$

$$(\square, n) \cdot (\bigcirc, k) \mid (\triangle, m) \cdot (\bigcirc, k)$$

B e w e i s. Auf Grund der Definitionen von „·" und „|" ergibt sich die obige Aussage aus der Äquivalenz $n \mid m$ genau dann, wenn $n \cdot k \mid m \cdot k$.

Somit ist $\mathbf{Z}'$ bezüglich „·" eine kommutative reguläre Halbgruppe, in der durch „|" eine Ordnung gegeben ist. **B**

In $\mathbf{Z}'$ können wir die Teilmenge $\mathbf{N}_0' = \{(+, n) \mid n \in \mathbf{N}_0\}$ mit $\mathbf{N}_0$ identifizieren. Denn es gilt

Satz 2.16 Die Gebilde $(\mathbf{N}_0', \cdot, \mid)$ und $(\mathbf{N}_0, \cdot, \mid)$ sind isomorph.

B e w e i s. Es gilt

$(+, n) \rightarrow n,$ d.h. Bijektion

$(+, n) \cdot (+, m) = (+, n \cdot m),$ d.h. Operationstreue

$(+, n) \mid (+, m)$ genau dann, wenn $n \mid m$, d.h. Relationstreue

Zum anderen enthält $\mathbf{Z}'$ den Negativbereich $\mathbf{N}^- = \{(-, n) \mid n \in \mathbf{N}\}$. Es gilt

$$\mathbf{Z}' = \mathbf{N}_0' \cup \mathbf{N}^-$$

2.2.3 Der Ring $(\mathbf{Z}, +, \cdot, \leqslant, \mid)$

In Abschn. 2.1.4.3 haben wir das Gebilde $(\mathbf{N}_0, +, \leqslant)$ zu $(\mathbf{Z}, +, \leqslant)$ erweitert. Jetzt geht es darum, auf $\mathbf{Z}$ die Multiplikation und die Teilbarkeitsrelation zu übertragen. In Abschn. 2.2.2 haben wir eine Menge $\mathbf{Z}'$ kennengelernt, in der Multiplikation und Teilbarkeitsrelation bereits erklärt sind.

Indem wir in den Gebilden $(\mathbf{Z}, +, \leqslant)$ bzw. $(\mathbf{Z}', \cdot, \mid)$ die jeweils fehlenden Operationen bzw. Relationen geeignet erklären, können wir sie als im wesentlichen gleich (isomorph) erkennen. Dazu verwenden wir den folgenden gruppentheoretischen

Satz Sei $(\mathbf{Z}, +)$ eine Gruppe und f eine bijektive Abbildung von $\mathbf{Z}$ auf $\mathbf{Z}'$. Wird in $\mathbf{Z}'$ für $a, b \in \mathbf{Z}$ durch $f(a) + f(b) = f(a + b)$ eine Verknüpfung „+" erklärt, dann ist $(\mathbf{Z}', +)$ ebenfalls eine Gruppe.

Für die Elemente von $\mathbf{Z}$ verwenden wir die am Ende von Abschn. 2.1.4.3 eingeführte vereinfachte Schreibweise.

Wir bilden $\mathbf{Z}$ auf $\mathbf{Z}'$ mittels folgender Zuordnung bijektiv ab:

$$f: \begin{cases} n \rightarrow (+, n) & \text{für } n \in \mathbf{N}_0 \\ -n \rightarrow (-, n) & \text{für } n \in \mathbf{N} \end{cases}$$

Damit wird zum einen der zu $(\mathbf{N}_0, +, \leqslant)$ isomorphe Teil $(\mathbf{Z}^*, +, \leqslant)$ von $(\mathbf{Z}, +, \leqslant)$ auf den zu $(\mathbf{N}_0, \cdot, \mid)$ isomorphen Teil $(\mathbf{N}_0', \cdot, \mid)$ von $(\mathbf{Z}', \cdot, \mid)$ abgebildet. Zum anderen entsprechen sich die Menge der negativen ganzen Zahlen $\mathbf{Z}^-$ und der Negativbereich $\mathbf{N}^-$ umkehrbar eindeutig.

Die Addition „+" wird in $\mathbf{Z}'$ wie folgt definiert:

$(+, m) + (+, n) = (+, m + n)$ für $m, n \in \mathbf{N}_0$

$(+, m) + (-, n) = (+, m - n)$ für $m \geqslant n$ und $m, n \in \mathbf{N}$

B

$(+, m) + (-, n) = (-, n - m)$ für $m < n$ und $m \in \mathbf{N}_0$ und $n \in \mathbf{N}$

$(-, m) + (-, n) = (-, m + n)$ für $m, n \in \mathbf{N}$

Auf Grund der obigen Festsetzung von „+" und der Erklärung der Bijektion „f" ist die Isomorphie von $(\mathbf{Z}, +)$ und $(\mathbf{Z}', +)$ unmittelbar ersichtlich.

Da die Addition in $\mathbf{Z}$ kommutativ ist, brauchen die Fälle, wie $(-, n) + (+, m)$ in der Definition nicht gesondert aufgeführt zu werden.

Auch die „$\leqslant$-Relation" setzen wir in $\mathbf{Z}'$ so fest, daß Relationstreue zwischen $(\mathbf{Z}, \leqslant)$ und $(\mathbf{Z}', \leqslant)$ gegeben ist.

$(+, m) \leqslant (+, n)$ für $m \leqslant n$ und $m, n \in \mathbf{N}_0$

$(-, m) \leqslant (+, n)$ für $m \in \mathbf{N}$ und $n \in \mathbf{N}_0$

$(-, m) \leqslant (-, n)$ für $n \leqslant m$ und $m, n \in \mathbf{N}$

Die Gültigkeit des distributiven Gesetzes, das einen Zusammenhang zwischen Multiplikation und Addition herstellt, wollen wir an einem Beispiel überprüfen (vgl. Aufgabe 2.17).

B e i s p i e l. Sei $n \leqslant m$, $n \in \mathbf{N}_0$ und $m, r \in \mathbf{N}$.

$$\begin{aligned}
(-, r) \cdot ((-, m) + (+, n)) &= (-, r) \cdot (-, m - n) \\
&= (+, r \cdot (m - n)) \\
&= (+, r \cdot m - r \cdot n) \\
&= (+, r \cdot m) + (-, r \cdot n) \\
&= ((-, r) \cdot (-, m)) + ((-, r) \cdot (+, n))
\end{aligned}$$

Damit haben wir in $(\mathbf{Z}', +, \leqslant, \cdot, |)$ einen kommutativen regulären Ring gefunden. Entsprechend der Festsetzung von „+" und „$\leqslant$" für $\mathbf{Z}'$ hätten natürlich auch „$\cdot$" und „$|$" für $\mathbf{Z}$ festgesetzt werden können, so daß Isomorphie zwischen $(\mathbf{Z}', +, \leqslant, \cdot, |)$ und $(\mathbf{Z}, +, \leqslant, \cdot, |)$ besteht (vgl. Aufgabe 2.18 und 2.19).

Insgesamt ist es uns gelungen, in der Menge der ganzen Zahlen eine „Addition +", eine „Multiplikation $\cdot$ ", eine „Kleiner-gleich-Beziehung $\leqslant$" und eine Teilbarkeitsrelation „$|$" zu erklären.

$(\mathbf{Z}, +)$ ist eine abelsche Gruppe, so daß auch die Subtraktion unbeschränkt ausführbar ist. $(\mathbf{Z}, \cdot)$ ist eine kommutative reguläre Halbgruppe.

Wenn wir auf $(\mathbf{Z}, \cdot)$ noch das allgemeine Einbettungsverfahren (Abschn. 2.1.4 und insbesondere 2.1.4.4) anwenden, dann gelangen wir zum Körper der rationalen Zahlen $\mathbf{Q}$ (vgl. Aufgabe 2.20). Wir wollen diesen Zahlbereich hier auf anderem Wege gewinnen.

C

2.2.4 Ein Vorschlag zur Behandlung der Multiplikation ganzer Zahlen im Unterricht

In Abschn. 2.1.5 haben wir mit der Bemerkung geendet, daß das Verschiebungsmodell zur Erklärung der Multiplikation ganzer Zahlen nicht brauchbar ist. Durch Anwendung des sog. Permanenzprinzips kann die Festsetzung der Multiplikation ganzer Zahlen jedoch motiviert werden. C

Was soll z.B. $(-1) \cdot 5$ bedeuten?

Dazu betrachten wir die folgende Aufgabenkette, in der die ersten Aufgaben bereits gelöst werden können.

$$\begin{array}{r}
3 \cdot 5 = 15 \\
2 \cdot 5 = 10 \\
1 \cdot 5 = 5 \\
0 \cdot 5 = 0 \\
\hline
(-1) \cdot 5 = \square
\end{array}$$

Der Multiplikator nimmt von Zeile zu Zeile um 1 ab, der Multiplikand bleibt konstant, und das Ergebnis nimmt zeilenweise um 5 ab. Wenn diese Gesetzmäßigkeit beibehalten werden soll, dann müssen wir $(-1) \cdot 5 = -5$ setzen.

Durch entsprechende Analogieschlüsse gelangen wir zur folgenden

Definition Für $a, b \in \mathbf{N}_0$ gilt $(-a) \cdot b = -(a \cdot b)$.

Was soll z.B. $(-2) \cdot (-6)$ bedeuten?

Wir benutzen wieder eine Aufgabenkette und nutzen dabei aus, daß wir Aufgaben der Art wie $a \cdot (-b)$ mit $a, b \in \mathbf{N}_0$ auf die Addition zurückführen können.

$$a \cdot (-b) = \underbrace{(-b) + (-b) + \ldots + (-b)}_{\text{a-mal}} = -(a \cdot b)$$

$$\begin{array}{l}
3 \cdot (-6) = -18 \\
2 \cdot (-6) = -12 \\
1 \cdot (-6) = -6 \\
0 \cdot (-6) = 0 \\
\hline
(-1) \cdot (-6) = \square \\
(-2) \cdot (-6) = \triangle
\end{array}$$

Der Multiplikator nimmt zeilenweise um 1 ab, der Multiplikand bleibt konstant, und das Ergebnis nimmt von Zeile zu Zeile um 6 zu. Indem wir diese Gesetzmäßigkeit fortsetzen, gelangen wir zu folgenden Festsetzungen:
$(-1) \cdot (-6) = 6$
$(-2) \cdot (-6) = 12$

Allgemein definieren wir für $a, b \in \mathbf{N}_0$: $(-a) \cdot (-b) = a \cdot b$.

Mit Hilfe derartiger Aufgabenketten, wie wir sie hier beispielhaft betrachtet haben, können die Multiplikationsregeln für ganze Zahlen motiviert werden.
Für $a, b \in \mathbf{N}_0$ gilt

$$\begin{aligned}
a \cdot b &= a \cdot b \\
a \cdot (-b) &= -(a \cdot b) \\
(-a) \cdot b &= -(a \cdot b) \\
(-a) \cdot (-b) &= a \cdot b
\end{aligned}$$

Wir sehen, daß die Menge $\mathbf{Z}$ bezüglich der Multiplikation abgeschlossen ist.

Auf Grund dieser Definition können die Gültigkeit des Kommutativ- und des Assozia-

C tivgesetzes der Multiplikation sowie das Distributivgesetz der Multiplikation bezüglich der Addition abgeleitet werden.

Des weiteren können wir an Beispielen erarbeiten, daß Gleichungen wie $a \cdot \square = b$ oder $\triangle \cdot a = b$ mit $a, b \in \mathbf{Z}$ genau dann lösbar sind, wenn b ganzzahliges Vielfaches von a ist. Dann bezeichnet der Ausdruck $b : a$ wieder eine ganze Zahl. Allerdings müssen wir für $b \neq 0$ noch fordern, daß auch $a \neq 0$ ist. Sonst hat der Ausdruck $b : 0$ keinen Sinn.

Der hier skizzierte Unterrichtsvorschlag ist in [18] (Band 8) ausgeführt.

2.3 Die Erweiterung der Menge der natürlichen Zahlen zum Körper der rationalen Zahlen

B 2.3.1 Zur Einführung

Als Anwendung des allgemeinen Einbettungsverfahrens einer Halbgruppe in eine Gruppe haben wir in Abschn. 2.1.4.4 die Erweiterung von $(\mathbf{N}, \cdot, |)$ zu $(\mathbf{B}, \cdot, |)$ bzw. $(\mathbf{Q}^+, \cdot, |)$ beschrieben. In der auf diesem Wege gewonnenen Menge der Bruchzahlen (positiven rationalen Zahlen) fehlt noch die Erklärung der Addition und die Festsetzung der Kleiner – gleich – Relation. Des weiteren müssen die Zahl Null und die negativen rationalen Zahlen ergänzt werden, um den Körper aller rationalen Zahlen zu gewinnen.

Darum werden wir im folgenden zuerst das Gebilde $(\mathbf{Q}^+, \cdot, |)$ zu $(\mathbf{Q}_0, \cdot, |, +, \leqslant)$ erweitern (vgl. auch Abschn. 1.3.2.4) und dann durch Hinzunahme eines Negativbereichs und Ausweitung aller Rechenoperationen und Relationen den Körper der rationalen Zahlen erzeugen.

2.3.2 Die Konstruktion des Halbkörpers $(\mathbf{Q}_0, \cdot, +, |, \leqslant)$ aus $(\mathbf{Q}^+, \cdot, |)$

2.3.2.1 Erklärung der Addition „+" in $\mathbf{Q}_0^+$ Die Menge der Bruchzahlen $\mathbf{B} = \left\{\frac{\overline{m}}{n} \mid m \in \mathbf{N} \text{ und } n \in \mathbf{N}\right\}$ (vgl. Abschn. 2.1.4.4) ergänzen wir durch Hinzunahme der Klasse

$$\frac{\overline{0}}{n} = 0 = \left\{\frac{0}{n} \mid n \in \mathbf{N}\right\}$$

zur Menge $\mathbf{B}_0$.

Für $\mathbf{B}_0$ schreiben wir auch $\mathbf{Q}_0$ (Menge der n i c h t - n e g a t i v e n r a t i o n a l e n Zahlen).

Die Elemente der Klassen von $\mathbf{B}_0$ schreiben wir wieder in der Bruchform $\frac{m}{n}$. Dafür setzen wir die Addition wie folgt fest:

$$\frac{m}{n} + \frac{p}{q} = \frac{m \cdot q + n \cdot p}{n \cdot q}$$

Satz 2.17 Die Addition „+“ ist mit der Klassenbildung verträglich. **B**

Beweis. Mit $m, m_1, p, p_1 \in \mathbf{N}_0$ und $n, n_1, q, q_1 \in \mathbf{N}$ sei

$$\frac{m}{n} \sim \frac{m_1}{n_1} \quad \text{und} \quad \frac{p}{q} \sim \frac{p_1}{q_1}, \text{ d.h.}$$

$$\frac{\overline{m}}{n} = \frac{\overline{m}_1}{n_1} \quad \text{und} \quad \frac{\overline{p}}{q} = \frac{\overline{p}_1}{q_1}$$

bzw. $m \cdot n_1 = n \cdot m_1$ und $p \cdot q_1 = q \cdot p_1$

Wir multiplizieren die Gleichung $m \cdot n_1 = n \cdot m_1$ mit $q \cdot q_1$ und die Gleichung $p \cdot q_1 = q \cdot p_1$ mit $n \cdot n_1$:

$$m \cdot n_1 \cdot q \cdot q_1 = n \cdot m_1 \cdot q \cdot q_1$$

$$p \cdot q_1 \cdot n \cdot n_1 = q \cdot p_1 \cdot n \cdot n_1$$

Addition beider Gleichungen ergibt

$$m \cdot n_1 \cdot q \cdot q_1 + p \cdot q_1 \cdot n \cdot n_1 = n \cdot m_1 \cdot q \cdot q_1 + q \cdot p_1 \cdot n \cdot n_1 .$$

Da für die natürlichen Zahlen das Distributivgesetz der Multiplikation bezüglich der Addition gilt, können wir ausklammern:

$$(m \cdot q + p \cdot n) \cdot n_1 \cdot q_1 = (m_1 \cdot q_1 + p_1 \cdot n_1) \cdot n \cdot q$$

d.h. $$\frac{m \cdot q + p \cdot n}{n \cdot q} \sim \frac{m_1 \cdot q_1 + p_1 \cdot n_1}{n_1 \cdot q_1}$$

Also ist die Summe $\frac{m}{n} + \frac{p}{q}$ unabhängig davon, ob $\frac{m}{n}$ bzw. $\frac{p}{q}$ durch $\frac{m_1}{n_1}$ bzw. $\frac{p_1}{q_1}$ ersetzt werden.

Wegen dieser Repräsentantenunabhängigkeit kann die Addition auf die Klassen ausgedehnt werden.

Definition 2.7 Unter der Summe der Bruchzahlen $\frac{\overline{m}}{n} + \frac{\overline{p}}{q}$ versteht man die Bruchzahl

$$\frac{\overline{m \cdot q + n \cdot p}}{n \cdot q}$$

Da Addition und Multiplikation natürlicher Zahlen kommutativ und assoziativ sind, erweist sich die Addition von Bruchzahlen auf Grund der obigen Definition unmittelbar als kommutativ und assoziativ.

Die Nullklasse ist neutrales Element bezüglich der Addition

$$\frac{m}{n} + \frac{0}{q} = \frac{m \cdot q + 0 \cdot n}{n \cdot q} = \frac{m \cdot q}{n \cdot q} = \frac{m}{n}$$

Die Addition natürlicher Zahlen, die wir in der Form $\frac{m}{1}$ schreiben können, ist in der obigen Definition enthalten:

B $$m + n = \frac{m}{1} + \frac{n}{1} = \frac{m+n}{1} = m + n$$

Satz 2.18 Für Bruchzahlen $\frac{m}{n}$, $\frac{p}{q}$ und $\frac{r}{s}$ gilt

$$\frac{r}{s} \cdot \left(\frac{m}{n} + \frac{p}{q}\right) = \frac{r}{s} \cdot \frac{m}{n} + \frac{r}{s} \cdot \frac{p}{q}$$

Beweis.

$$\begin{aligned}
\frac{r}{s} \cdot \left(\frac{m}{n} + \frac{p}{q}\right) &= \frac{r}{s} \cdot \left(\frac{m \cdot q + n \cdot p}{n \cdot q}\right) \\
&= \frac{r \cdot (m \cdot q + n \cdot p)}{s \cdot n \cdot q} \\
&= \frac{r \cdot m \cdot q + r \cdot n \cdot p}{s \cdot n \cdot q} \\
&= \frac{r \cdot m \cdot q}{s \cdot n \cdot q} + \frac{r \cdot n \cdot p}{s \cdot n \cdot q} \\
&= \frac{r \cdot m}{s \cdot n} + \frac{r \cdot p}{s \cdot q} \\
&= \frac{r}{s} \cdot \frac{m}{n} + \frac{r}{s} \cdot \frac{p}{q}
\end{aligned}$$

2.3.2.2 Einführung der „$\leqslant$-Relation" in $\mathbf{Q}_0$ Als nächstes setzen wir in der Menge $\mathbf{Q}_0$ die „$\leqslant$-Relation" fest. Dazu greifen wir zunächst auf Vertreter für die Klassen zurück:

$$\frac{m}{n} \leqslant \frac{p}{q} \text{ genau dann, wenn } m \cdot q \leqslant n \cdot p$$

Satz 2.19 Die „$\leqslant$-Relation" ist mit der Klassenbildung verträglich.

Beweis. Mit $m, m_1, p, p_1 \in \mathbf{N}_0$ und $n, n_1, q, q_1 \in \mathbf{N}$ sei $\frac{m}{n} \sim \frac{m_1}{n_1}$ und $\frac{p}{q} \sim \frac{p_1}{q_1}$, d.h.

$$m \cdot n_1 = n \cdot m_1 \text{ und } p \cdot q_1 = q \cdot p_1$$

$\frac{m}{n} \leqslant \frac{p}{q}$ ist gleichwertig zu $m \cdot q \leqslant n \cdot p$.

Da die „$\leqslant$-Relation" in $\mathbf{N}_0$ mit der Multiplikation verträglich ist, folgt aus $m \cdot q \leqslant n \cdot p$ durch Multiplizieren mit $n_1 \cdot p_1$ und Umordnen

$$m \cdot n_1 \cdot q \cdot p_1 \leqslant n \cdot p \cdot n_1 \cdot p_1$$

Für $m \cdot n_1$ setzen wir $n \cdot m_1$ und $q \cdot p_1$ ersetzen wir durch $p \cdot q_1$.

$$n \cdot m_1 \cdot p \cdot q_1 \leqslant n \cdot p \cdot n_1 \cdot p_1$$

In $\mathbf{N}_0$ dürfen wir durch $n \cdot p$ kürzen. Dabei setzen wir $p > 0$ voraus, da wir sonst nur den Grenzfall $0 \leqslant 0$ haben. **B**

Es folgt $m_1 \cdot q_1 \leqslant n_1 \cdot p_1$, und das ist äquivalent zu

$$\frac{m_1}{n_1} \leqslant \frac{p_1}{q_1}$$

Somit können wir die „$\leqslant$-Relation" auf die Klassen übertragen.

Definition 2.8 Für die Bruchzahlen $\frac{\overline{m}}{n}$ und $\frac{\overline{p}}{q}$ gilt genau dann $\frac{\overline{m}}{n} \leqslant \frac{\overline{p}}{q}$, wenn $m \cdot q \leqslant n \cdot p$ ist.

Insbesondere steht die Anordnung der natürlichen Zahlen im Einklang mit der obigen Definition.

Sei $m \leqslant n$. Dann gilt

$$\frac{m}{1} \leqslant \frac{n}{1} \text{ genau dann, wenn } m \cdot 1 \leqslant n \cdot 1$$

Die „$\leqslant$-Relation" ist mit der zuvor eingeführten Addition verträglich.

Satz 2.20 Aus $\frac{m}{n} \leqslant \frac{p}{q}$ folgt $\frac{m}{n} + \frac{r}{s} \leqslant \frac{p}{q} + \frac{r}{s}$ und umgekehrt.

B e w e i s. $\frac{m}{n} \leqslant \frac{p}{q}$ genau dann, wenn $m \cdot q \leqslant n \cdot p$.

Unter Verwendung bekannter Rechenregeln gelangen wir daraus zu äquivalenten Ungleichungen.

$$m \cdot q \cdot s \cdot s + n \cdot q \cdot r \cdot s \leqslant n \cdot p \cdot s \cdot s + n \cdot q \cdot r \cdot s$$

$$(m \cdot s + n \cdot r) \cdot q \cdot s \leqslant n \cdot s(p \cdot s + q \cdot r)$$

$$\frac{m \cdot s + n \cdot r}{n \cdot s} \leqslant \frac{p \cdot s + q \cdot r}{q \cdot s}$$

$$\frac{m}{n} + \frac{r}{s} \leqslant \frac{p}{q} + \frac{r}{s}$$

Bemerkung Wegen der in Satz 2.17 und 2.19 ausgesprochenen Repräsentantenunabhängigkeit kann die letzte Aussage auf die Klassen übertragen werden.

In der Menge der nicht-negativen rationalen Zahlen $\mathbf{Q}_0$ haben wir den gesuchten Halbkörper gefunden. Darin sind als Verknüpfungen die Addition und die Multiplikation sowie die Kleiner-gleich- und die verallgemeinerte Teilbarkeitsrelation erklärt.

B

2.3.3 Die Konstruktion des Körpers der rationalen Zahlen $\mathbf{Q}$

2.3.3.1 Definition der Menge $\mathbf{Q}_0$ Um von $\mathbf{Q}_0$ zum Körper der rationalen Zahlen $\mathbf{Q}$ zu gelangen, müssen wir $\mathbf{Q}_0$ noch durch einen Negativbereich ergänzen. Dazu bilden wir das direkte Produkt aus der Vorzeichengruppe V (vgl. Abschn. 2.2.2.1) und der multiplikativen Gruppe $\mathbf{Q}^+$. Da wir die Klassen von $\mathbf{Q}^+$ durch Brüche repräsentieren können, verwenden wir im folgenden wieder die Bruchschreibweise.

$$V \times \mathbf{Q}^+ = \left\{ \left(\square, \frac{m}{n} \right) \middle| \square \in V \wedge m \in \mathbf{N} \wedge n \in \mathbf{N} \right\}$$

Indem wir zu V x $\mathbf{Q}^+$ noch die Zahl 0 hinzufügen, erhalten wir die gesuchte Menge $\mathbf{Q}$.

$$\mathbf{Q} = V \times \mathbf{Q}^+ \cup \{0\} = \left\{ \left(+, \frac{m}{n} \right) \right\} \cup \left\{ \left(-, \frac{m}{n} \right) \right\} \cup \{0\}$$

Im folgenden schreiben wir für Bruchzahlen $\frac{m}{n}, \frac{p}{q}, \ldots$ kürzer r, s . . .

2.3.3.2 Erklärung der Verknüpfung „·" in $\mathbf{Q}$ Für die Elemente von $\mathbf{Q}$ führen wir zunächst eine Multiplikation „·" ein.

Definition 2.9 Unter dem Produkt der rationalen Zahlen $(\square, r)$ und (Δ, s) verstehen wir das Paar $(\square * \Delta, r \cdot s)$, also

$$(\square, r) \cdot (\Delta, s) = (\square * \Delta, r \cdot s)$$

Darin bedeutet „*" die Verknüpfung in V und „·" die Multiplikation in $\mathbf{Q}_0$. Da V bezüglich „*" und $\mathbf{Q}_0$ bezüglich „·" abgeschlossen sind, bezeichnet $(\square * \Delta, r \cdot s)$ stets wieder eine rationale Zahl. Des weiteren erweist sich die Multiplikation in $\mathbf{Q}$ als kommutativ und assoziativ, weil „*" in V bzw. „·" in $\mathbf{Q}_0$ kommutativ und assoziativ sind. Neutrales Element ist $(+, 1)$; denn für alle Elemente $(\square, r)$ aus $\mathbf{Q}$ gilt

$$(+, 1) \cdot (\square, r) = (\square, r) \cdot (+, 1) = (\square, r)$$

Schließlich besitzt jedes von 0 verschiedene Element $(\square, r)$ aus $\mathbf{Q}$ als Inverses das Element $\left(\square, \frac{1}{r}\right)$:

$$(\square, r) \cdot \left(\square, \frac{1}{r}\right) = \left(\square, \frac{1}{r}\right) \cdot (\square, r) = (+, 1).$$

Somit erweist sich $V \times \mathbf{Q}^+ = \mathbf{Q} \setminus \{0\}$ als direktes Produkt zweier abelscher Gruppen bezüglich der Multiplikation wieder als kommutative Gruppe.

Die Elemente $(+, r)$ aus $\mathbf{Q}$ identifizieren wir mit den Elementen r aus $\mathbf{Q}_0$, weil sie sich bezüglich der Multiplikation wie die nicht-negativen rationalen Zahlen verhalten:

$$(+, r) \cdot (+, s) = (+, r \cdot s)$$

Die Paare $(-, r)$ mit $r \in \mathbf{Q}^+$ gehören zum Negativbereich $\mathbf{Q}^-$.

Wir nennen $\mathbf{Q}^- = \{(-, r) \mid r \in \mathbf{Q}^+\}$ die Menge der negativen rationalen

Zahlen. Für die Multiplikation negativer rationaler Zahlen gilt im einzelnen B

$$(-, r) \cdot (+, s) = (-, r \cdot s) \qquad \text{mit } (-, r \cdot s) \in \mathbf{Q}^- \cup \{0\}$$

$$(-, r) \cdot (-, s) = (+, r \cdot s) \qquad \text{mit } (+, r \cdot s) \in \mathbf{Q}^+$$

Dabei identifizieren wir die Paare $(-, 0)$ und $(+, 0)$ wieder mit 0.

2.3.3.3 Die verallgemeinerte Teilerrelation „ | " in $\mathbf{Q}$ In Abschn. 2.1.4.4 haben wir auf Grund des allgemeinen Einbettungsverfahrens eine Teilerrelation „ |• " für die positiven rationalen Zahlen erklärt. Später haben wir für „|• " kurz „|" geschrieben. Diese verallgemeinerte Teilerrelation können wir auf $\mathbf{Q}$ ausdehnen.

Definition 2.10 Es gelte $(\square, r) \mid (\Delta, s)$ genau dann, wenn gilt $r \mid s$.

Wenn wir $r = \frac{m}{n}$ und $s = \frac{p}{q}$ mit $m, p \in \mathbf{N}_0$ und $n, q \in \mathbf{N}$ setzen, dann besagt $r \mid s$, daß $m \cdot q \mid n \cdot p$ gilt. Dabei muß die Einschränkung gemacht werden, daß für $p > 0$ auch $m > 0$ sein muß, weil der Ausdruck $0 \mid p$ für $p \in \mathbf{N}$ nicht erklärt ist.

Auf Grund der obigen Definition erweist sich die Teilbarkeitsrelation in $\mathbf{Q}$ als eine Erweiterung der entsprechenden Relation in $\mathbf{Q}^+$. Insbesondere ist sie mit der Multiplikation verträglich (s. Abschn. 2. 1. 4. 4):

Aus

$$(\square, r) \mid (\Delta, s)$$

folgt $(\square, r) \cdot (\bigcirc, t) \mid (\Delta, s) \cdot (\bigcirc, t)$ und umgekehrt;

denn $(\square, r) \mid (\Delta, s)$ genau dann, wenn $r \mid s$ genau dann, wenn $r \cdot t \mid r \cdot s$ genau dann,

wenn $(\square, r) \cdot (\bigcirc, t) \mid (\Delta, s) \cdot (\bigcirc, t)$.

2.3.3.4 Erklärung der Verknüpfung „+" in $\mathbf{Q}$ Als zweite Verknüpfung erklären wir eine Addition für rationale Zahlen. Dabei müssen wir von Fall zu Fall entscheiden, was wir unter $(\square, r) + (\Delta, s)$ verstehen wollen.

Definition 2.11 Für die *Addition rationaler Zahlen* setzen wir, wenn r und s aus $\mathbf{Q}_0$ entstammen:

$$(+, r) + (+, s) = (+, r + s)$$

$$(-, r) + (-, s) = (-, r + s)$$

$$(-, r) + (+, s) = \begin{cases} (+, s - r) & \text{für } r \leqslant s \\ (-, r - s) & \text{für } s < r \end{cases}$$

$$(+, r) + (-, s) = \begin{cases} (+, r - s) & \text{für } s \leqslant r \\ (-, s - r) & \text{für } r < s \end{cases}$$

Die Summe $(\square, r) + (\Delta, s)$ bezeichnet stets wieder eine rationale Zahl.

Des weiteren erweist sich die Addition unmittelbar als kommutativ und assoziativ. Neutrales Element ist $0 = (+, 0) = (-, 0)$; denn es gilt für alle $(\square, r) \in \mathbf{Q}$:

$$(\square, r) + 0 = 0 + (\square, r) = (\square, r)$$

B Jedes Element aus $\mathbb{Q}$ hat bezüglich „+" genau ein Inverses; und zwar sind jeweils die Elemente (+, r) und (–, r) zueinander invers:

$$(+, r) + (-, r) = 0$$

Also bildet die Menge der rationalen Zahlen $\mathbb{Q}$ bezüglich der Addition eine abelsche Gruppe.

Auch jetzt bestätigt sich, daß es sinnvoll ist, die Elemente (+, r) aus $\mathbb{Q}$ mit den Elementen r aus $\mathbb{Q}_0$ zu identifizieren, weil sie sich bezüglich der Addition wie die nicht-negativen rationalen Zahlen verhalten:

$$(+, r) + (+, s) = (+, r + s)$$

Auch das distributive Gesetz der Multiplikation bezüglich der Addition ist erfüllt. Wir wollen das für einen Fall beispielhaft bestätigen (vgl. Aufgabe 2.23)
Seien r, s, $t \in \mathbb{Q}_0$ und $s < t$.

$$\begin{aligned}(-, r) \cdot ((+, s) + (-, t)) &= (-, r) \cdot (-, t - s) \\ &= (+, r \cdot (t - s)) \\ &= (+, r \cdot t - r \cdot s) \\ &= (+, r \cdot t) + (-, r \cdot s) \\ &= (-, r) \cdot (-, t) + (-, r) \cdot (+, s) \\ &= (-, r) \cdot (+, s) + (-, r) \cdot (-, t)\end{aligned}$$

2.3.3.5 Die „≤-Relation" in $\mathbb{Q}$ Als weitere Relation übertragen wir die „Kleiner-gleich-Beziehung" auf $\mathbb{Q}$. Wir setzen die Ordnung für die Elemente von $\mathbb{Q}$ so fest, daß die Anordnung der nicht-negativen rationalen Zahlen erhalten bleibt.

Definition 2.12 Seien r und s aus $\mathbb{Q}_0$. Dann setzen wir

$$\begin{aligned}(-, r) &\leq (+, s) && \text{für alle r und s} \\ (-, r) &\leq (-, s) && \text{für } s \leq r \\ (+, r) &\leq (+, s) && \text{für } r \leq s\end{aligned}$$

Im Einzelfall läßt sich nachweisen, daß die Addition mit der „≤-Relation" verträglich ist. (vgl. Aufgabe 2.24).

Damit haben wir für die Menge der rationalen Zahlen die Körperaxiome nachgewiesen. In $\mathbb{Q}$ sind Addition, Subtraktion, Multiplikation und Division (bis auf Teilbarkeit durch 0) unbeschränkt ausführbar. Trotzdem ist auch dieser Zahlbereich noch erweiterungsbedürftig. Z. B. ist das Wurzelziehen in $\mathbb{Q}$ nur beschränkt ausführbar.
Man kann die Schreibweise für rationale Zahlen noch vereinfachen, indem man die Glieder der Paare zusammenfaßt und damit Vorzeichen einführt. Für (+, r) setzt man r und für (–, s) schreibt man – s.

Wenn wir wieder auf die Bruchschreibweise zurückgehen, dann erhalten wir mit $m, p \in \mathbf{N}_0$ und $n, q \in \mathbf{N}$ B

$$(+, r) = r = \frac{m}{n} \quad \text{und} \quad (-, s) = -s = -\frac{p}{q}$$

2.3.4 Die Einführung negativer rationaler Zahlen im Unterricht C

Wir haben zunächst die Menge der natürlichen Zahlen $\mathbf{N}$ zur Menge der positiven rationalen Zahlen $\mathbf{Q}^+$ (bzw. Bruchzahlen $\mathbf{B}$) erweitert.

Durch Hinzunahme der 0 gelangten wir zur Menge der nicht-negativen rationalen Zahlen $\mathbf{Q}_0$.

Zum anderen erfolgte die Erweiterung von $\mathbf{N}_0$ zur Menge der ganzen Zahlen $\mathbf{Z}$.

Es gilt weder $\mathbf{Q}_0 \subset \mathbf{Z}$ noch $\mathbf{Z} \subset \mathbf{Q}_0$ (Fig. 2.19).

Jetzt werden die Mengen $\mathbf{Z}$ und $\mathbf{Q}_0$ zur Menge der rationalen Zahlen $\mathbf{Q}$ erweitert. Dabei haben wir so vorzugehen, daß die für $\mathbf{Q}_0$ und $\mathbf{Z}$ eingeführten Operationen und Relationen im Einklang stehen und in der Menge $\mathbf{Q}$ erhalten bleiben.

Im Unterricht können negative rationale Zahlen recht zwanglos eingeführt werden. Als Beispiele eignen sich Temperaturangaben wie $-3{,}5\ ^\circ\mathrm{C}$ (dabei wird die Kommaschreibweise für die positiven rationalen Zahlen als bekannt vorausgesetzt) oder Pegelstände wie $-0{,}6$ m oder Kontostände wie $-241{,}80$ DM usw.

Derartige Zahlen wie $-7{,}6$ oder $-\frac{9}{4}$ werden negative Bruchzahlen genannt. Zur Veranschaulichung eignet sich besonders die Zahlengerade (Fig. 2.20). In gleichen Abständen werden die ganzen Zahlen durch Punkte markiert. Zwischen den natürlichen Zahlen liegen positive rationale Zahlen.

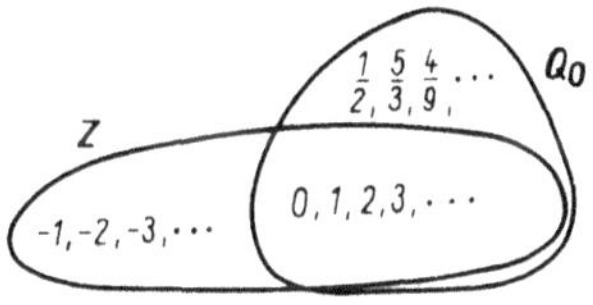

Fig. 2.19

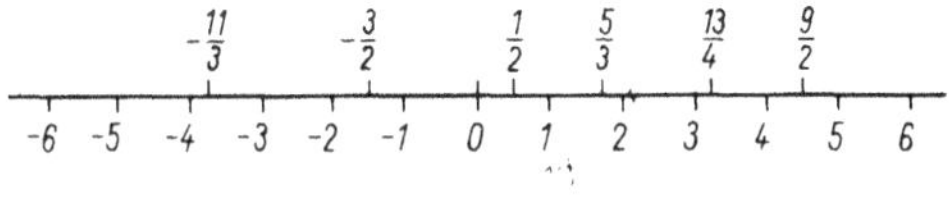

Fig. 2.20

Zwischen die negativen ganzen Zahlen können wir jetzt negative rationale Zahlen einfügen. Dabei gehen wir so vor, daß wir z.B. die Zahl $-\frac{3}{2}$ in die Mitte zwischen -1 und -2 setzen, weil $\frac{3}{2}$ mitten zwischen 1 und 2 liegt usw.

Damit haben wir dann die Anordnung aller rationalen Zahlen so vorgenommen, daß die bekannten Ordnungen für $\mathbf{Z}$ und $\mathbf{Q}_0$ erhalten bleiben.

Insbesondere sind die negativen ganzen Zahlen in der Menge der negativen rationalen Zahlen enthalten, weil jede negative ganze Zahl auch als Bruch geschrieben werden kann.

C Beispiel. $-6 = -\frac{6}{1} = -\frac{12}{2} = \ldots$

Auch die Regeln für Addition, Subtraktion, Multiplikation und Division beliebiger rationaler Zahlen ergeben sich zwanglos, indem die Regeln für das Bruchrechnen und das Rechnen mit ganzen Zahlen berücksichtigt werden.

Durch das Rechnen mit Größen können diese Regeln weiter motiviert werden. Um z.B. die Abbuchungen oder Einzahlungen bei den aufeinanderfolgenden Kontoständen 83,40 DM, – 216,30 DM, – 44,60 DM usw. zu ermitteln, können die Geldbeträge auf die Einheit Pf umgeschrieben werden, um ganzzahlige Maßzahlen zu erhalten. Aus der Rechnung mit ganzen Zahlen kann dann unmittelbar auf das Rechnen mit negativen rationalen Zahlen geschlossen werden.

In vielen Zusammenhängen ist es vorteilhaft, zur Kennzeichnung der negativen rationalen Zahl $-a$ Klammern zu verwenden: $(-a)$. Nur dann, wenn Fehldeutungen ausgeschlossen sind, kann auf die Klammern verzichtet werden.

Am Ende dieser Unterrichtseinheit kann darauf eingegangen werden, daß in der Menge $\mathbf{Q}$ die vier Grundrechenarten ohne Einschränkungen – abgesehen von der Division durch 0 – ausgeführt werden können. Für die Addition und die Multiplikation gelten Kommutativ- und Assoziativgesetz. Die Multiplikation ist distributiv bezüglich der Addition. 0 bzw. 1 sind neutrale Elemente der Addition bzw. der Multiplikation.

B **Aufgaben**

2.15 Bilden Sie Aufgabenketten zu

a) $(-2) \cdot 8$ b) $(-3) \cdot (-4)$

2.16 Warum ist keine natürliche Zahl m durch 0 teilbar?

2.17 Bestätigen Sie für folgende Fälle das distributive Gesetz (vgl. Abschn. 2.2.3)

a) $(+, r) \cdot ((+, n) + (-, m)) = (+, r) \cdot (+, n) + (+, r) \cdot (-, m)$ für $n < m$

b) $(-, r) \cdot ((-, n) + (-, m)) = (-, r) \cdot (-, n) + (-, r) \cdot (-, m)$

c) $(-, r) \cdot ((+, n) + (+, m)) = (-, r) \cdot (+, n) + (-, r) \cdot (+, m)$

2.18 Erklären Sie die Multiplikation „·" für die Elemente von $\mathbf{Z}$, so daß Isomorphie zwischen $(\mathbf{Z}, \cdot)$ und $(\mathbf{Z}', \cdot)$ besteht (vgl. Abschn. 2.2.3).

2.19 Wie muß die Teilbarkeitsrelation „ | " in $\mathbf{Z}$ festgesetzt werden, damit $(\mathbf{Z}, |)$ isomorph zu $(\mathbf{Z}', |)$ ist?

***2.20** Skizzieren Sie die Erweiterung von $\mathbf{Z}$ nach $\mathbf{Q}$, indem Sie auf das Gebilde $(\mathbf{Z}, \cdot)$ das allgemeine Einbettungsverfahren aus Abschn. 2.1.4 anwenden.

2.21 Geben Sie die Lösungen folgender Gleichungen an (vgl. Abschn. 2.3.3.2):

a) $(+, r) \cdot (\square, \bigcirc) = (-, s)$

b) $(-, r) \cdot (\square, \bigcirc) = (-, s)$

c) $(-, r) \cdot (\square, \bigcirc) = (+, s)$ **B**

d) $(+, r) \cdot (\square, \bigcirc) = (+, s)$

2.22 Lösen Sie die nachstehenden Gleichungen (vgl. Abschn. 2.3.3.4):

a) $(-, r) + (\square, \triangle) = (+, s)$ c) $(-, r) + (\square, \triangle) = (-, s)$

b) $(+, r) + (\square, \triangle) = (-, s)$ d) $(+, r) + (\square, \triangle) = (+, s)$

2.23 Beweisen Sie die Gültigkeit des Distributivgesetzes für

a) $(-, r) \cdot ((-, s) + (-, t)) = (-, r) \cdot (-, s) + (-, r) \cdot (-, t)$

b) $(+, r) \cdot ((-, s) + (+, t)) = (+, r) \cdot (-, s) + (+, r) \cdot (+, t)$ für $t \leqslant s$

2.24 Bestätigen Sie, daß aus $(-, r) \leqslant (-, s)$ folgt $(-, r) + (+, t) \leqslant (-, s) + (+, t)$.

2.4 Skizzieren der Erweiterung $\mathbf{N}_0 \to \mathbf{Z} \to \mathbf{Q}$

2.4.1 In $\mathbf{N}_0$ unlösbare Gleichungen **A**

Bei dem zuvor beschriebenen Weg der Zahlbereichserweiterungen haben wir uns an die Reihenfolge gehalten, die für die Schule relevant ist. Zunächst haben wir die Menge der natürlichen Zahlen $\mathbf{N}$ zur Menge der positiven rationalen Zahlen $\mathbf{Q}^+$ erweitert. Unabhängig davon erfolgte die Erweiterung der Menge der natürlichen Zahlen $\mathbf{N}_0$ zur Menge der ganzen Zahlen $\mathbf{Z}$. Schließlich haben wir in einem dritten Schritt die beiden Mengen $\mathbf{Q}^+$ bzw. $\mathbf{Z}$ in die Menge aller rationalen Zahlen $\mathbf{Q}$ eingebettet.

Abweichend von dem von uns eingeschlagenen Weg wird in der Literatur gewöhnlich ein anderer Weg zur Gewinnung der rationalen Zahlen verfolgt:

Zunächst wird die Menge $\mathbf{N}_0$ zur Menge $\mathbf{Z}$ und anschließend $\mathbf{Z}$ zur Menge $\mathbf{Q}$ erweitert. Dieses formal einfachere, aber für die Schule weniger bedeutsame Vorgehen, wollen wir im folgenden knapp beschreiben.

Ein weiterer wesentlicher Unterschied besteht darin, mit welchen Mitteln die Menge der rationalen Zahlen $\mathbf{Q}$ an Hand dieser beiden Erweiterungsvorschläge gewonnen wird. Wir haben Größenbereiche in den Vordergrund gestellt und die positiven rationalen Zahlen als Abbildungen innerhalb von Größenbereichen gedeutet. Bei dem jetzt zu skizzierenden Vorschlag steht der Gedanke im Vordergrund, den jeweils als Ausgang betrachteten Zahlbereich durch die Hinzunahme neuer Zahlen so zu erweitern, daß zunächst unlösbare Gleichungen in dem Erweiterungsgebilde eine Lösung besitzen.

In der Menge $\mathbf{N}_0 = \{0, 1, 2, \ldots, n, \ldots\}$ ist die Addition unbeschränkt ausführbar, d.h., zu zwei natürlichen Zahlen m und n existiert stets die Summe $m + n$.

Demgegenüber sind Gleichungen der Art

$$n + x = m \qquad \text{mit } m, n \in \mathbf{N}_0$$

nicht allgemein lösbar.

A B e i s p i e l. Die Gleichung

$$7 + x = 25$$

besitzt in $\mathbf{N}_0$ die Lösung $x = 18$. In diesem Fall existiert die Differenz $25 - 7$.
Dagegen ist die Gleichung

$$13 + x = 5$$

in $\mathbf{N}_0$ unlösbar. Die Differenz $5 - 13$ ist keine natürliche Zahl.
Allgemein gilt, daß in $\mathbf{N}_0$ Gleichungen der Art

$$n + x = m$$

genau dann lösbar sind und somit die Differenz $m - n$ existiert, wenn $n \leqslant m$ ist.

Man versucht nun, die Menge $\mathbf{N}_0$ zu einem Zahlbereich zu erweitern, in dem jede Gleichung der Gestalt $n + x = m$ ohne die Einschränkung $n \leqslant m$ lösbar ist.
Dieses Ziel kann durch Einbettung erreicht werden. Dabei geht man so vor, daß die in $\mathbf{N}_0$ geltenden Verknüpfungen, Relationen und Gesetze in dem Erweiterungsgebilde erhalten bleiben. Als Ergebnis erhalten wir die Menge der ganzen Zahlen $\mathbf{Z}$ (vgl. Abschn. 2.4.2).
Des weiteren ist in der Menge der natürlichen Zahlen $\mathbf{N} = \{1, 2, 3, \ldots, n, \ldots\}$ die Multiplikation ohne Einschränkungen ausführbar, d.h., zu zwei natürlichen Zahlen m und n existiert immer das Produkt $m \cdot n$.
Dagegen sind Gleichungen wie

$$n \cdot x = m \qquad \text{mit } m, n \in \mathbf{N}$$

nicht allgemein lösbar.

B e i s p i e l. Die Gleichung

$$4 \cdot x = 32$$

hat in $\mathbf{N}$ die Lösung $x = 8$. In diesem Fall existiert der Quotient $32 : 8$.
Dagegen ist die Gleichung

$$5 \cdot x = 12$$

in $\mathbf{N}$ und auch in der Erweiterungsmenge $\mathbf{Z}$ unlösbar. Der Quotient $12 : 5$ ist weder eine natürliche noch eine ganze Zahl.

Allgemein gilt, daß in $\mathbf{Z}$ (und auch in $\mathbf{N}$) Gleichungen der Form

$$n \cdot x = m$$

genau dann lösbar sind und somit der Quotient $m : n$ existiert, wenn n Teiler von m (oder m Vielfaches von n) ist.

Auch jetzt ist man bestrebt, die Menge $\mathbf{Z}$ zu einem neuen Zahlbereich zu erweitern, so daß darin jede Gleichung der Art

$$n \cdot x = m \qquad \text{mit } m, n \in \mathbf{Z}$$

ohne die Einschränkung $m \mid n$ eine Lösung besitzt. (Eine Sonderstellung nimmt jetzt die Zahl 0 ein.) **A**

Auch diese Aufgabe kann durch Einbettung gelöst werden. Man geht wieder so vor, daß alle in $\mathbf{Z}$ erklärten Verknüpfungen, Relationen und ermittelten Gesetzmäßigkeiten in der Erweiterungsmenge erhalten bleiben.

Dieser Ansatz führt uns zur Menge der rationalen Zahlen $\mathbf{Q}$ (vgl. Abschn. 2.4.3).

2.4.2 Die Erweiterung von $\mathbf{N}_0$ nach $\mathbf{Z}$ **B**

Jeder Gleichung $n + x = m$ mit $m, n \in \mathbf{N}_0$ können wir das Zahlenpaar (m, n) bijektiv zuordnen.

B e i s p i e l.

	Gleichung	Zahlenpaar
1.	$5 + x = 8$	$(8, 5)$
2.	$10 + x = 3$	$(3, 10)$
3.	$9 + x = 12$	$(12, 9)$
4.	$6 + x = 2$	$(2, 6)$

Für $n \leqslant m$ ist durch das Paar (m, n) eine natürliche Zahl festgelegt (Beispiele 1 und 3), die wir in der Form $m - n$ darstellen können.

Unabhängig davon, ob $n \leqslant m$ ist oder nicht, entspricht der Gesamtheit der Gleichungen $n + x = m$ mit $m, n \in \mathbf{N}_0$ genau die Gesamtheit aller geordneten Paare (m, n). Die Menge aller dieser Zahlenpaare ist das kartesische Produkt $\mathbf{N}_0 \times \mathbf{N}_0$.

Zwei solche Zahlenpaare (m, n) und (k, ℓ) werden als ä q u i v a l e n t $(\sim)$ angesehen, wenn $m + \ell = n + k$ gilt.

Definition 2.13 $(m, n) \sim (k, \ell)$ genau dann, wenn $m + \ell = n + k$ ist.

Für in $\mathbf{N}_0$ existierende Differenzen $n - m$ stimmt diese Definition ganz mit unseren bisherigen Kenntnissen überein. In den obigen Beispielen 1 und 3 gilt $8 - 5 = 12 - 9 \, (= 3)$.

Nach der letzten Definition sind die Paare $(8, 5)$ und $(12, 9)$ äquivalent; denn es gilt $8 + 9 = 5 + 12 \, (= 17)$.

Die obige Relation ist eine Ä q u i v a l e n z r e l a t i o n , da sie – wie man zeigen kann – reflexiv, symmetrisch und transitiv ist.

Infolgedessen wird die Menge $\mathbf{N}_0 \times \mathbf{N}_0$ in Ä q u i v a l e n z k l a s s e n eingeteilt. Die Klasse, die alle zu dem Paar (m, n) äquivalenten Paare enthält, bezeichnen wir mit $\overline{(m, n)}$.

Definition 2.14

$$\overline{(m, n)} = \{(x, y) \mid (x, y) \in \mathbf{N}_0 \times \mathbf{N}_0 \text{ und } (x, y) \sim (m, n)\}$$

B Die Menge dieser Klassen nennen wir die Menge der ganzen Zahlen $\mathbf{Z}$.

$$\mathbf{Z} = \{\overline{(m, n)} \mid m, n \in \mathbf{N}_0\}$$

Beispiele.

$$\overline{(8, 5)} = \{(x, y) \mid (x, y) \in \mathbf{N}_0 \times \mathbf{N}_0 \text{ und } (x, y) \sim (8, 5)\}$$
$$= \{(3, 0), (4, 1), (5, 2), (6, 3), (7, 4), (8, 5), \ldots\}$$
$$\overline{(0, 0)} = \{(0, 0), (1, 1), (2, 2), (3, 3), (4, 4), \ldots\}$$
$$\overline{(2, 6)} = \{(0, 4), (1, 5), (2, 6), (3, 7), (4, 8), \ldots\}$$
$$\overline{(0, 7)} = \{(0, 7), (1, 8), (2, 9), (3, 10), (4, 11), \ldots\}$$

Zwei ganze Zahlen $\overline{(k, \ell)}$ und $\overline{(m, n)}$ sind genau dann gleich, wenn die sie repräsentierenden Paare (k, ℓ) und (m, n) äquivalent sind.

Beispiel. $\overline{(2, 6)} = \overline{(3, 7)}$, weil $2 + 7 = 6 + 3$ ist.

Wir sehen, daß die Bezeichnung der ganzen Zahlen nicht eindeutig ist. Jedes Paar aus einer Klasse kann als Vertreter gewählt werden, insbesondere auch Paare der Gestalt $(m, 0)$ oder $(0, n)$.

Für die ganzen Zahlen werden jetzt Rechenoperationen und Relationen eingeführt. Des weiteren werden Gesetzmäßigkeiten nachgewiesen. Da wir die entsprechenden Beweise bereits in Abschn. 2.1.4.2, 2.1.4.3 und 2.2 geführt haben, fassen wir uns jetzt kurz.

Definition 2.15 Die Summe zweier ganzer Zahlen $\overline{(m, n)}$ und $\overline{(k, \ell)}$ wird erklärt als $\overline{(m + k, n + \ell)}$.

Man kann zeigen, daß die so erklärte Addition unabhängig von den als Repräsentanten ausgewählten Zahlenpaaren ist.

Beispiel. $\overline{(3, 5)} + \overline{(8, 2)} = \overline{(3 + 8, 5 + 2)} = \overline{(11, 7)} = \overline{(4, 0)}$

Wählen wir $(0, 2)$ bzw. $(7, 1)$ als Repräsentanten, dann erhalten wir das gleiche Resultat:

$$\overline{(0, 2)} + \overline{(7, 1)} = \overline{(0 + 7, 2 + 1)} = \overline{(7, 3)} = \overline{(4, 0)}.$$

Jetzt kann gezeigt werden, daß die Menge der ganzen Zahlen bezüglich der Addition eine abelsche Gruppe bildet.

Definition 2.16 Das Produkt zweier ganzer Zahlen $\overline{(m, n)}$ und $\overline{(k, \ell)}$ wird erklärt als $\overline{(m \cdot k + n \cdot \ell, m \cdot \ell + n \cdot k)}$.

Diese Definition scheint zunächst von unserer früher festgesetzten Erklärung der Multiplikation ganzer Zahlen abzuweichen. Wenn wir jedoch in einem Vorgriff die Paare (m, n) und (k, ℓ) als Differenzen $m - n$ bzw. $k - \ell$ deuten und das Produkt $(m - n) \cdot (k - \ell)$ ausrechnen, dann gelangen wir zu dem Ausdruck $(m \cdot k + n \cdot \ell) - (m \cdot \ell + n \cdot k)$.

Dadurch kann die obige Definition motiviert werden.

Auch jetzt kann gezeigt werden, daß die Multiplikation ganzer Zahlen unabhängig von der Auswahl der Repräsentanten ist.

B e i s p i e l.

$$\begin{aligned}\overline{(4,1)} \cdot \overline{(2,5)} &= \overline{(4 \cdot 2 + 1 \cdot 5, 4 \cdot 5 + 1 \cdot 2)} \\ &= \overline{(8 + 5,\ 20 + 2)} \\ &= \overline{(13, 22)} \\ &= \overline{(0,9)}\end{aligned}$$

Die Auswahl anderer Repräsentanten führt zum gleichen Ergebnis:

$$\overline{(3,0)} \cdot \overline{(0,3)} = \overline{(3 \cdot 0 + 0 \cdot 3,\ 9 + 0)} = \overline{(0,9)}$$

Durch Nachprüfen weiterer Eigenschaften der Multiplikation findet man, daß die Menge der ganzen Zahlen $\mathbf{Z}$ bezüglich „·" eine kommutative Halbgruppe bildet.
Da in $\mathbf{Z}$ auch das Distributivgesetz der Multiplikation bezüglich der Addition erfüllt ist, können wir sagen, daß das Gebilde $(\mathbf{Z}, +, \cdot)$ einen kommutativen Ring bildet.

Eine O r d n u n g s r e l a t i o n führen wir in $\mathbf{Z}$ in bekannter Weise ein:

Definition 2.17 Es ist $\overline{(k, \ell)} \leqslant \overline{(m, n)}$ genau dann, wenn $k + n \leqslant \ell + m$ ist.

Außer der Repräsentantenunabhängigkeit für „$\leqslant$" kann gezeigt werden, daß die Ordnung mit der Addition verträglich ist.

In einem letzten Schritt wird gezeigt, daß die Menge $\mathbf{N}_0$ mit einer Teilmenge von $\mathbf{Z}$ identifiziert werden kann. Nämlich die Menge der Klassen $\overline{(m, 0)}$ mit $m \in \mathbf{N}_0$ kann auf $\mathbf{N}_0$ bijektiv, verknüpfungs- und relationstreu abgebildet werden. Damit ist die Menge der natürlichen Zahlen $\mathbf{N}_0$ in die Menge der ganzen Zahlen $\mathbf{Z}$ eingebettet worden.

In der Menge $\mathbf{Z}$ ist jede Gleichung der Gestalt $n + x = m$ mit $m, n \in \mathbf{N}_0$ lösbar. Dazu schreiben wir $n = \overline{(n, 0)}$ und $m = \overline{(m, 0)}$ und haben die Gleichung

$$\overline{(n,0)} + x = \overline{(m,0)}$$

Lösung: $x = \overline{(m, n)}$

Probe: $\overline{(n,0)} + \overline{(m, n)} = \overline{(n + m, n)} = \overline{(m,0)}$

In $\mathbf{Z}$ existiert also immer die Differenz $m - n$. Demgegenüber besitzt die Gleichung $n \cdot x = m$ auch in $\mathbf{Z}$ nicht immer eine Lösung.

2.4.3 Die Erweiterung von Z nach Q

Im folgenden wollen wir für die ganze Zahl $\overline{(m, n)}$ kurz a schreiben. Das ist gerechtfertigt, weil wir a als Differenz $m - n$ deuten können. Für $n < m$ ist a eine positive ganze Zahl, für $n = m$ ist $a = 0$ und für $m < n$ ist a eine negative ganze Zahl.
Jeder Gleichung $b \cdot x = a$ mit $a, b \in \mathbf{Z}$ und $b \neq 0$ ordnen wir das Paar ganzer Zahlen (a, b) bijektiv zu.

B Beispiel.

	Gleichung	Zahlenpaar
1.	$3 \cdot x = 15$	$(15, 3)$
2.	$(-7) \cdot x = 8$	$(8, -7)$
3.	$4 \cdot x = 20$	$(20, 4)$
4.	$9 \cdot x = (-6)$	$(-6, 9)$

Falls b Teiler von a ist, dann ist durch das Paar (a, b) eine ganze Zahl gegeben (Beispiele 1 und 3), die wir in der Gestalt a : b darstellen können.

Auch dann, wenn b nicht Teiler von a ist, entspricht jeder Gleichung $b \cdot x = a$ genau ein Zahlenpaar (a, b). Jedoch bezeichnet das Paar (a, b) jetzt keine ganze Zahl.

In jedem Fall entspricht der Gesamtheit der Gleichungen $b \cdot x = a$ mit $a \in \mathbf{Z}$ und $b \in \mathbf{Z} \setminus \{0\}$ die Gesamtheit der geordneten Paare (a, b). Die Menge aller dieser Paare ganzer Zahlen ist das kartesische Produkt $\mathbf{Z} \times (\mathbf{Z} \setminus \{0\})$.

Zwei Zahlenpaare (a, b) und (c, d) heißen äquivalent (~), wenn $a \cdot d = b \cdot c$ gilt.

Definition 2.18 $(a, b) \sim (c, d)$ genau dann, wenn $a \cdot d = b \cdot c$ ist.

Für Quotienten, die in **Z** existieren, bedeutet diese Definition, daß a : b = c : d ist. Für die obigen Beispiele 1 und 3 besagt das

$$15 : 3 = 20 : 4 \, (= 5)$$

Die Paare (15, 3) und (20, 4) sind äquivalent, weil $15 \cdot 4 = 3 \cdot 20 \, (= 60)$ ist.

Die „~"-Relation ist reflexiv, symmetrisch und transitiv. Somit handelt es sich um eine Äquivalenzrelation, die eine Klasseneinteilung in $\mathbf{Z} \times \mathbf{Z} \setminus \{0\}$ bewirkt. Die Klasse, in der alle zu (a, b) äquivalenten Paare liegen, wird mit $(\overline{a, b})$ bezeichnet.

Definition 2.19 $(\overline{a, b}) = \{(x, y) \mid (x, y) \in \mathbf{Z} \times (\mathbf{Z} \setminus \{0\}) \text{ und } (x, y) \sim (a, b)\}$.

Die Menge dieser Klassen nennen wir die Menge der rationalen Zahlen **Q**.

$$\mathbf{Q} = \{(\overline{a, b}) \mid a \in \mathbf{Z} \text{ und } b \in \mathbf{Z} \setminus \{0\}\}$$

Beispiele.

$$\begin{aligned}
(\overline{15, 3}) &= \{(x, y) \mid (x, y) \in \mathbf{Z} \times (\mathbf{Z} \setminus \{0\}) \text{ und } (x, y) \sim (15, 3)\} \\
&= \{(5, 1), (10, 2), (15, 3), (20, 4), (25, 5), \ldots, \\
&\quad (-5, -1), (-10, -2), (-15, -3), (-20, -4), (-25, -5), \ldots\} \\
(\overline{0, 4}) &= \{(0, 1), (0, 2), (0, 3), (0, 4), (0, 5), \ldots, \\
&\quad (0, -1), (0, -2), (0, -3), (0, -4), (0, -5), \ldots\} \\
(\overline{-6, 9}) &= \{(-2, 3), (-4, 6), (-6, 9), (-8, 12), (-10, 15), \ldots, \\
&\quad (2, -3), (4, -6), (6, -9), (8, -12), (10, -15), \ldots\}
\end{aligned}$$

Zwei rationale Zahlen $(\overline{a, b})$ und $(\overline{c, d})$ sind genau dann gleich, wenn die sie repräsentierenden Paare (a, b) und (c, d) äquivalent sind.

Beispiel. $\overline{(-4,6)} = \overline{(6,-9)}$, weil $(-4) \cdot (-9) = 6 \cdot 6$ ist.

Auch für rationale Zahlen ist die Bezeichnung nicht eindeutig. Jedes Paar aus einer Klasse kann als Vertreter für die rationale Zahl gewählt werden.

Entsprechend dem Vorgehen bei ganzen Zahlen werden jetzt für rationale Zahlen Rechenoperationen und Relationen eingeführt und Besonderheiten bezüglich der Verknüpfungen und Relationen als Gesetze herausgestellt. Wir können uns hier wieder knapp fassen, da die entsprechenden Beweise bereits in Abschn. 2.3.3 geführt wurden.

Definition 2.20 Die *Summe zweier rationaler Zahlen* $\overline{(a, b)}$ und $\overline{(c, d)}$ wird erklärt als $\overline{(a \cdot d + b \cdot c, b \cdot d)}$.

Wir sehen, daß in dieser Definition nichts anderes als die uns vertraute Addition von Bruchzahlen steckt. Dabei ist das Hinterglied $b \cdot d$ der Hauptnenner.

Die so erklärte Addition rationaler Zahlen kann wiederum als repräsentantenunabhängig ausgewiesen werden.

Beispiel.

$$\begin{aligned} \overline{(2,5)} + \overline{(4,3)} &= \overline{(2 \cdot 3 + 5 \cdot 4, 5 \cdot 3)} \\ &= \overline{(6 + 20, 15)} \\ &= \overline{(26, 15)} \end{aligned}$$

Wählen wir als Repräsentanten $(-4, -10)$ bzw. $(12, 9)$, dann gelangen wir zu demselben Ergebnis.

$$\begin{aligned} \overline{(-4,-10)} + \overline{(12,9)} &= \overline{((-4) \cdot 9 + (-10) \cdot 12, (-10) \cdot 9)} \\ &= \overline{(-36 + (-120), -90)} \\ &= \overline{(-156, -90)} \\ &= \overline{(-26, -15)} = \overline{(26, 15)} \end{aligned}$$

Des weiteren kann nachgewiesen werden, daß das Gebilde $(\mathbf{Q}, +)$ eine *abelsche Gruppe* ist.

Definition 2.21 Das *Produkt zweier rationaler Zahlen* $\overline{(a, b)}$ und $\overline{(c, d)}$ wird erklärt als $\overline{(a \cdot c, b \cdot d)}$.

Die so erklärte Multiplikation rationaler Zahlen ist unabhängig von den als Vertretern ausgewählten Zahlenpaaren.

Indem weitere Eigenschaften der Multiplikation rationaler Zahlen nachgeprüft werden, ergibt sich, daß die Menge $\mathbf{Q} \setminus \{0\}$ bezüglich „·" eine abelsche Gruppe bildet. Dabei haben wir für $\overline{(0, 1)}$ kurz 0 geschrieben. Ferner ist die Multiplikation bezüglich der Addition distributiv.

Das bedeutet insgesamt, daß das Gebilde $(\mathbf{Q}, +, \cdot)$ einen kommutativen Körper bildet.

Um eine Ordnung für rationale Zahlen einführen zu können, erklären wir zunächst, wann eine rationale Zahl positiv bzw. negativ heißt.

B **Definition 2.22** Eine rationale Zahl $\overline{(a, b)}$ heißt genau dann p o s i t i v, wenn $a \cdot b > 0$ ist; sie heißt n e g a t i v, wenn $a \cdot b < 0$ ist.
Für $b > 0$ und $d > 0$ setzen wir $\overline{(a, b)} \leqslant \overline{(c, d)}$ genau dann, wenn $a \cdot d \leqslant b \cdot c$ ist.

Bei dieser Anordnung kommen zuerst die negativen rationalen Zahlen, dann die Null und schließlich die positiven rationalen Zahlen. Die Ordnung ist wiederum repräsentantenunabhängig und mit der Addition beliebiger sowie mit der Multiplikation positiver rationaler Zahlen verträglich.

Die Menge der Klassen $\overline{(a, 1)}$ mit $a \in \mathbf{Z}$ kann auf $\mathbf{Z}$ bijektiv, verknüpfungs- und relationstreu abgebildet werden, so daß wir die ganze Zahl a mit der rationalen Zahl $\overline{(a, 1)}$ identifizieren können. Somit ist die Menge $\mathbf{Z}$ in die Menge $\mathbf{Q}$ eingebettet worden.

In der Menge der rationalen Zahlen kann jede Gleichung der Form $b \cdot x = a$ mit $a \in \mathbf{Z}$ und $b \in \mathbf{Z} \setminus \{0\}$ gelöst werden.

Wir schreiben $a = \overline{(a, 1)}$ und $b = \overline{(b, 1)}$ und erhalten die Gleichung

$$\overline{(b, 1)} \cdot x = \overline{(a, 1)}$$

Lösung: $x = \overline{(a, b)}$

Probe: $\overline{(b, 1)} \cdot \overline{(a, b)} = \overline{(b \cdot a, 1 \cdot b)} = \overline{(a, 1)}$

In $\mathbf{Q}$ existiert also stets der Quotient $a : b$.

Für das Zahlenpaar (a, b) können wir die Bruchschreibweise $\frac{a}{b}$ einführen. Indem wir die Klasse $\overline{(a, b)}$ durch den Bruch $\frac{a}{b}$ repräsentieren, sind wir wieder bei den üblichen Bezeichnungen der Bruchrechnung angelangt.

A 2.5 Beispiele für die Nichtabgeschlossenheit von Q

2.5.1 Ein geometrischer Beweis

In der Menge der rationalen Zahlen $\mathbf{Q}$ haben wir einen Zahlbereich gewonnen, in dem die vier Grundrechenoperationen unbeschränkt (bis auf die Division durch 0) ausführbar sind. Des weiteren liegen die rationalen Zahlen dicht, d.h., zwischen zwei beliebigen verschiedenen rationalen Zahlen können wir stets eine neue rationale Zahl finden. Diese neue Zahl können wir z.B. in der Gestalt des arithmetischen Mittels der gegebenen Zahlen ermitteln. Trotzdem kann gezeigt werden, daß die „meisten" Zahlen nicht rational sind.

Wir geben zunächst einen geometrischen Beweis, der bereits auf griechische Mathematiker zurückgeht, daß es nicht-rationale Zahlen gibt. Wir wollen zeigen, daß die Seiten und die Diagonalen eines Quadrats inkommensurabel sind. Wenn das nachgewiesen ist, dann ist damit sichergestellt, daß es keine Bruchzahl $\frac{m}{n}$ geben kann, mit deren Hilfe die Seitenlänge eines Quadrats auf die Länge einer Diagonalen abgebildet werden kann.

Wir gehen von dem in Fig. 2.21 gezeichneten Quadrat ABCD aus. Die Seite AD werde mit a, die Diagonale BD mit d bezeichnet. Wir nehmen an, daß a und d kommensurabel sind. Dann muß es eine Strecke t geben, so daß gilt: $|a| = n \cdot |t|$ und $|d| = m \cdot |t|$ mit $m, n \in \mathbb{N}$. Auf der Diagonalen d werde von D aus eine Strecke mit der Länge $|a|$ bis E abgetragen, also $|DE| = |a|$. **A**

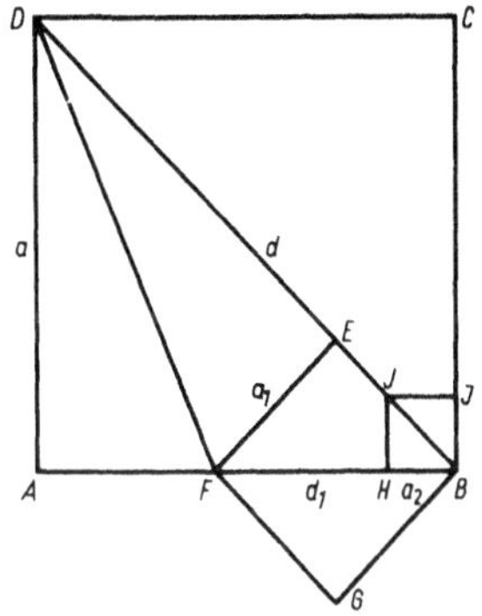

Fig. 2.21

In E werde die Senkrechte auf BD errichtet, die die Quadratseite AB in F schneidet. F werde mit D geradlinig verbunden.

Die Dreiecke AFD und EFD sind kongruent, weil sie die Seite DF gemeinsam haben, die Seiten AD und ED gleichlang sind und die Winkel DAF bzw. DEF jeweils rechte Winkel sind. Somit gilt auch $|AF| = |EF|$.

Die Strecke EF bezeichnen wir mit a_1. Das Dreieck BEF ist gleichschenklig-rechtwinklig. Darum gilt $|EF| = |EB| = |a_1| = |AF|$.

Wir ergänzen das Dreieck BEF zu einem Quadrat BEFG. Eine Diagonale in diesem Quadrat bezeichnen wir mit d_1.

Aus Fig. 2.21 lesen wir ab:

$$|a_1| = |d| - |a| = m \cdot |t| - n \cdot |t|$$
$$= (m - n) \cdot |t| = m_1 \cdot |t|$$

$m - n = m_1$ ist offensichtlich größer als Null, weil d länger als a ist.

$$|d_1| = |a| - |a_1| = n \cdot |t| - (m - n) \cdot |t|$$
$$= (2 \cdot n - m) \cdot |t| = n_1 \cdot |t|$$

$2 \cdot n - m = n_1$ ist ebenfalls größer als Null, weil d kürzer ist als zwei hintereinandergelegte Quadratseiten.

Ferner gilt $|a_1| < |a|$ und $|d_1| < |d|$; $m_1 < m$ und $n_1 < n$.

Wegen $|a_1| = m_1 \cdot |t|$ und $|d_1| = n_1 \cdot |t|$ haben a_1 und d_1 ebenfalls das gemeinsame Maß t. Die Koeffizienten m_1 und n_1 sind jedoch kleiner als die entsprechenden Zahlen m und n.

A Auf der Diagonalen d_1 können wir von F aus die Quadratseite a_1 bis H abtragen (vgl. Fig. 2.21). $HB = a_2$ ist Seite des Quadrats HBJI.

Aus dem Konstruktionsvorgang ist ersichtlich, daß so eine unendliche Folge von Quadraten erzeugt werden kann. Die Seitenlängen der aufeinanderfolgenden Quadrate werden immer kleiner, jedoch niemals gleich Null. Die jeweiligen Quadratseiten a_i und d_i haben stets das gemeinsame Maß t. Laut der obigen Rechnung werden die Zahlen m_i und n_i auch immer kleiner. Da es sich dabei um natürliche Zahlen handelt, müßten sie nach endlich vielen Schritten Null werden.

Das steht im Widerspruch zu der unendlichen Folge der Quadrate. Infolgedessen ist die Annahme nicht haltbar, daß a und d kommensurabel sind. Also kann das Verhältnis ihrer Längen $\frac{|a|}{|d|}$ keine rationale Zahl sein.

2.5.2 Ein arithmetischer Beweis

Nach dem Lehrsatz des Pythagoras gilt für die Länge der Quadratdiagonalen d (vgl. Fig. 2.21)

$$|d|^2 = |a|^2 + |a|^2 = 2 \cdot |a|^2$$

oder $$|d| = \sqrt{2} \cdot |a|$$

oder $$\frac{|d|}{|a|} = \sqrt{2}$$

Die Längen von Diagonalen und Seiten eines Quadrats stehen im Verhältnis $\sqrt{2}$.

Wir nehmen an, $\sqrt{2}$ sei eine rationale Zahl. Dann kann $\sqrt{2}$ durch einen Bruch $\frac{p}{q}$ mit $p, q \in \mathbf{N}$ dargestellt werden. Dabei sei der Bruch $\frac{p}{q}$ als Repräsentant der rationalen Zahl $\sqrt{2}$ so ausgewählt, daß p und q teilerfremd sind. Somit ist $\frac{p}{q}$ der Standardname für $\sqrt{2}$. Aus $\frac{p}{q} = \sqrt{2}$ folgt durch Quadrieren

$$\left(\frac{p}{q}\right)^2 = \frac{p^2}{q^2} = 2 \qquad \text{oder} \qquad p^2 = 2 \cdot q^2$$

p^2 ist somit eine gerade Zahl. Wegen des Satzes über die eindeutige Zerlegbarkeit einer natürlichen Zahl in Primfaktoren folgt weiter, daß dann auch p eine gerade Zahl ist.

Wir setzen $p = 2 \cdot p_1$ mit $p_1 \in \mathbf{N}$. Damit folgt

$$p^2 = 4 \cdot p_1^2 = 2 \cdot q^2 \qquad \text{oder} \qquad 2 \cdot p_1^2 = q^2$$

Also ist auch q^2 und damit auch q eine gerade Zahl, p und q sind also beides gerade Zahlen. Das steht im Widerspruch dazu, daß p und q als teilerfremd vorausgesetzt waren. Infolgedessen kann $\sqrt{2}$ keine rationale Zahl sein.

3 Lösungen der Aufgaben

1.1 a)

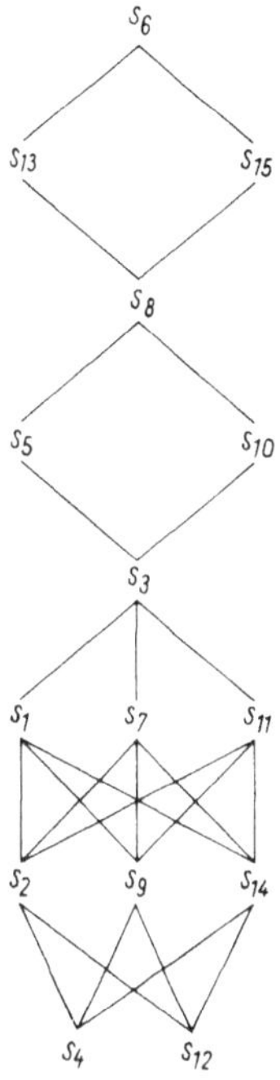

Fig. 3.1

b)

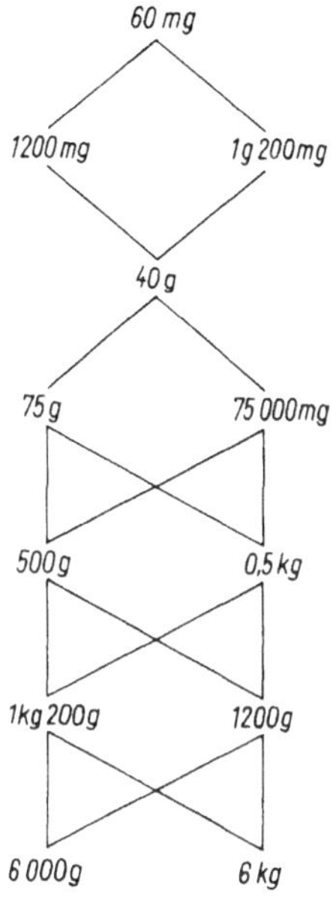

Fig. 3.2

1.2

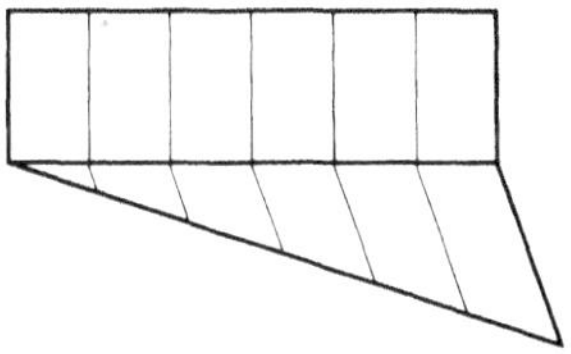

Fig. 3.3

1.3 a), c), d), f)

1.4 Auf 7 verschiedene Arten.

1.5 Ja; diese Möglichkeit beruht auf der wiederholten Anwendung des zahlentheoretischen Satzes über die Division mit Rest:

$$a = b \cdot q + r \qquad \text{mit } a, b \in \mathbf{N}, q \in \mathbf{N}_0 \qquad \text{und } 0 \leqslant r < b$$

Für a wird der gegebene Geldwert eingesetzt, für b nacheinander die in unserer Währung durch Geldscheine oder Münzen darstellbaren Geldwerte. Für r ≠ 0 wird der Satz so lange auf r angewendet, bis die Division aufgeht.

1.6 K_1 und K_2 auf verschiedene Waagschalen.

a) Sei $|K_1| < |K_2|$, dann K_2 und K_3 auf verschiedene Waagschalen.

α) Sei $|K_2| < |K_3|$, dann gilt wegen der Transitivität $|K_1| < |K_2| < |K_3|$.

β) Sei $|K_2| = |K_3|$, dann gilt $|K_1| < |K_2|$ und $|K_1| < |K_3|$.

γ) Sei $|K_2| > |K_3|$, dann K_1 und K_3 auf verschiedene Waagschalen.

(1) Sei $|K_1| < |K_3|$, dann gilt $|K_1| < |K_3| < |K_2|$.

(2) Sei $|K_1| = |K_3|$, dann gilt $|K_1| < |K_2|$ und $|K_3| < |K_2|$

(3) Sei $|K_1| > |K_3|$, dann gilt $|K_3| < |K_1| < |K_2|$.

b) Sei $|K_1| = |K_2|$, dann K_2 und K_3 auf verschiedene Waagschalen.

α) Sei $|K_2| < |K_3|$, dann gilt $|K_1| < |K_3|$ und $|K_2| < |K_3|$.

β) Sei $|K_2| = |K_3|$, dann gilt $|K_1| = |K_2| = |K_3|$.

γ) Sei $|K_2| > |K_3|$, dann gilt $|K_3| < |K_1|$ und $|K_3| < |K_2|$.

c) Sei $|K_1| > |K_2|$, dann K_1 und K_3 auf verschiedene Waagschalen; damit wird dieser Vorgang auf Fall a) zurückgeführt.

1.7 G_1 wird mit Wasser gefüllt und anschließend in G_2 geleert.

a) Falls in G_1 Wasser zurückbleibt, dann ist $|G_1| > |G_2|$.

G_2 werde in G_3 geleert.

α) Falls in G_2 Wasser zurückbleibt, dann ist $|G_2| > |G_3|$, insgesamt $|G_1| > |G_2| > |G_3|$.

β) G_3 werde gefüllt und in G_2 bleibe kein Rest, dann ist $|G_2| = |G_3|$; insgesamt $|G_1| > |G_2|$ und $|G_1| > |G_3|$.

γ) G_3 werde nicht voll gefüllt; dann ist $|G_2| < |G_3|$.

Jetzt werde G_1 wieder gefüllt und in G_3 geleert,

(1) In G_1 bleibe ein Rest, dann ist $|G_1| > |G_3|$, insgesamt $|G_1| > |G_3| > |G_2|$.

(2) In G_1 bleibe kein Rest, und G_3 werde gefüllt, dann ist $|G_1| = |G_3|$, insgesamt $|G_1| > |G_2|$ und $|G_3| > |G_2|$.

(3) G_3 werde nicht voll gefüllt; dann ist $|G_3| > |G_1|$, insgesamt $|G_3| > |G_1| > |G_2|$

b) G_2 werde gefüllt und in G_1 bleibe kein Rest, dann ist $|G_1| = |G_2|$.

G_2 werde in G_3 geleert.

α) Falls in G_2 ein Rest bleibt, dann ist $|G_2| > |G_3|$, insgesamt $|G_1| > |G_3|$ und $|G_2| > |G_3|$.

β) G_3 werde gefüllt und in G_2 bleibe kein Rest, dann gilt insgesamt $|G_1| = |G_2| = |G_3|$.

γ) G_3 werde nicht voll gefüllt; dann ist $|G_3| > |G_2|$, insgesamt $|G_3| > |G_1|$ und $|G_3| > |G_2|$.

c) G_2 werde nicht voll gefüllt; dann ist $|G_2| > |G_1|$. Dann wird G_2 gefüllt und in G_3 geleert; damit haben wir die Zurückführung auf Fall a).

1.8	a) $x = 25$ cm	b) $x = 15$ Pf	c) $x = 96$ sec
	d) $x = 120$ g	e) –	f) $x = 13824$ sec

1.9	a) –	b) –	c) $x = 80$
	d) –	e) $x = 130$	f) –

1.10 a) 1. W ä g u n g. Sechs Gegenstände auf jede Waagschale. Auf der Waagschale, die hochgeht, ist der leichtere Gegenstand, auf der anderen Waagschale sind alle Gegenstände gleichschwer. (0)

Ergebnis: – – – – – – | 0 0 0 0 0 0

2. W ä g u n g. Drei Gegenstände, die im Verdacht stehen, zu leicht zu sein (–), auf jede Waagschale.

Ergebnis: – – – | 0 0 0

3. W ä g u n g. Je einen der Gegenstände, unter denen der leichtere ist (–), auf eine Waagschale.

α) Falls Gleichgewicht; 0 | 0 dann ist der dritte Gegenstand der leichtere.

β) Falls – | 0, dann ist – der leichtere Gegenstand.

b) 1. W ä g u n g. Jeweils vier Gegenstände auf eine Waagschale.

α) Falls 0 0 0 0 | 0 0 0 0, dann ist der gesuchte Gegenstand unter den restlichen vieren.

2. W ä g u n g. Drei der restlichen vier Gegenstände, unter denen einer ein abweichendes Gewicht hat, auf eine Waagschale; der andere Gegenstand wird beiseite gelegt. Auf die andere Waagschale kommen drei neutrale Gegenstände (0).

(1) Falls 000 | 000, dann ist der restliche Gegenstand der gesuchte.
In einer dritten Wägung mit einem neutralen Gegenstand (0) wird festgestellt, ob der Gegenstand zu leicht (–) oder zu schwer (+) ist.

(2) Falls – – – | 0 0 0, dann ist einer der Gegenstände (–) zu leicht.

3. W ä g u n g. Auf jede Waagschale einen der Gegenstände, die im Verdacht stehen, zu leicht zu sein;

(a) Falls 0 | 0; dann ist der dritte Gegenstand zu leicht.

(b) Falls – | 0 dann ist der Gegenstand (–) zu leicht; der andere Gegenstand ist neutral (0).

(3) Falls + + + | 0 0 0, dann ebenso wie (2). Einer der Gegenstände (+) ist zu schwer.

β) Falls – – – – | + + + +, dann stehen die Gegenstände (–) im Verdacht, zu leicht zu sein; die Gegenstände (+) können einen zu schweren unter sich haben.

2. W ä g u n g. Auf jede Waagschale werden vier Gegenstände nach folgendem Schema gelegt: – – – + | – 0 0 0

(1) Falls Gleichgewicht, dann ist einer der beiseite gelegten Gegenstände (+) zu schwer. Dann Lösung in dritter Wägung wie unter α) (3) bzw. α) (2).

(2) Falls die linke Waagschale hochgeht, dann ist einer der drei Gegenstände (–) zu leicht. Lösung in dritter Wägung wie unter α) (2).

(3) Falls die rechte Waagschale hochgeht, dann ist der Gegenstand (+) zu schwer oder der Gegenstand (–) zu leicht.

3. W ä g u n g. Gegenstand (+) auf eine Waagschale, auf die andere ein neutraler.

a) Falls 0 | 0, dann ist Gegenstand (–) zu leicht.

b) Falls + | 0, dann ist Gegenstand (+) zu schwer.

1.11 Rauminhalt eines Quaders = Volumen einer Grundschicht · Anzahl der Schichten.

$$V_{Quader} = |a| \cdot |b| \cdot |c|$$

1.12 a) Ja,

b) Nein, weil Definition 1.8d verletzt ist; $1 + x = 1$ ist in $\mathbf{N}_0$ lösbar, aber es gilt nicht $1 < 1$.

c) Ja,

d) Nein, weil $(\mathbf{U}, +)$ nicht abgeschlossen ist.

e) Nein, da Definition 1.8 d verletzt ist; denn $2 + x = 3$ ist in $\mathbf{N} \setminus \{1\}$ nicht lösbar.

f) Ja.

1.13 Keiner, weil z.B. die Gleichung $5 \cdot x = 6$ weder in $\mathbf{N}$ noch in $\mathbf{G}$ noch in $\mathbf{D}$ lösbar ist.

1.14 a) Wir setzen zur Abkürzung $a + b = e$. Dann ist

$$\begin{aligned}(a + b + c) + d &= ((a + b) + c) + d && \text{wegen Definition 1.8 b}\\ &= (e + c) + d\\ &= e + (c + d) && \text{wegen Definition 1.8 b}\\ &= (a + b) + (c + d)\end{aligned}$$

Wir setzen $c + d = f$. Dann ist

$$\begin{aligned}(a + b) + (c + d) &= (a + b) + f\\ &= a + (b + f) && \text{wegen Definition 1.8 b}\\ &= a + (b + (c + d))\\ &= a + (b + c + d) && \text{wegen Definition 1.8 b}\end{aligned}$$

b)
$$\begin{aligned}a + b + c &= a + (b + c) && \text{wegen Definition 1.8 b}\\ &= a + (c + b) && \text{wegen Definition 1.8 a}\\ &= (a + c) + b && \text{wegen Definition 1.8 b}\\ &= (c + a) + b && \text{wegen Definition 1.8 a}\\ &= c + (a + b) && \text{wegen Definition 1.8 b}\\ &= c + (b + a) && \text{wegen Definition 1.8 a}\\ &= c + b + a && \text{wegen Definition 1.8 b}\end{aligned}$$

c) Nach Definition 1.8 d gilt $a + x = b$ und $b + y = c$. Dabei sind $x, y \in G$. Durch Einsetzen folgt $(a + x) + y = c$.
Wegen Definition 1.8 b folgt daraus $a + (x + y) = c$. Da $x + y \in \mathbf{G}$, folgt nach Definition 1.8 d $a < c$.

d) Eine Richtung wurde in Satz 1.1 gezeigt. Zur Umkehrung bilden wir den kontraponierten Satz (unter Benutzung von Definition 1.8 c.
Aus $a \geqslant b$ folgt $a + c \geqslant b + c$, oder aus ($b < a$ oder $b = a$) folgt ($b + c < a + c$ oder $b + c = a + c$).
Die erste Aussage folgt aus dem bereits bewiesenen Teil von d) (Satz 1.1), die zweite gilt unmittelbar in $\mathbf{G}$.

e) Zunächst gilt in $\mathbf{G}$ die Kürzungsregel (Regularität): Aus $a + c = b + c$ folgt $a = b$. Nach Definition 1.8 c wäre noch $a < b$ oder $a > b$ möglich. Das steht in Widerspruch zum Monotoniegesetz d).
Annahme, die Gleichung $a + x = b$ habe zwei Lösungen. Dann folgt aus $a + x = b$ und $a + y = b$ die Gleichheit $a + x = a + y$. Wegen Definition 1.8 a gilt $x + a = y + a$,

und nach der Kürzungsregel ergibt sich daraus $x = y$. Es existiert also höchstens eine Lösung. Wegen Definition 1.8 d folgt daraus die Behauptung.

1.15 a) Beweis durch vollständige Induktion nach n.

Induktionsanfang:

$(m+1) \cdot a = m \cdot a + a$ nach Definition
$= m \cdot a + 1 \cdot a$

Induktionsannahme:

$(m+n) \cdot a = m \cdot a + n \cdot a$

Induktionsschritt:

$(m+(n+1)) \cdot a = ((m+n)+1) \cdot a$ nach Definition 1.8 b
$= (m+n) \cdot a + a$ nach Definition
$= (m \cdot a + n \cdot a) + a$ nach Induktionsannahme
$= m \cdot a + (n \cdot a + a)$ nach Definition 1.8 b
$= m \cdot a + (n+1) \cdot a$ nach Definition

b) Beweis durch vollständige Induktion.

Induktionsanfang:

$1 \cdot (a+b) = a + b$ nach Definition
$= 1 \cdot a + 1 \cdot b$

Induktionsannahme:

$n \cdot (a+b) = n \cdot a + n \cdot b$

Induktionsschritt:

$(n+1) \cdot (a+b) = n \cdot (a+b) + (a+b)$ nach Definition
$= (n \cdot a + n \cdot b) + (a+b)$ nach Induktionsannahme
$= n \cdot a + (n \cdot b + a) + b$ nach Definition 1.8 b und Aufgabe 1.14a
$= n \cdot a + (a + n \cdot b) + b$ nach Definition 1.8 a
$= (n \cdot a + a) + (n \cdot b + b)$ nach Definition 1.8 b und Aufgabe 1.14a
$= (n+1) \cdot a + (n+1) \cdot b$ nach Definition

c) Beweis durch vollständige Induktion nach n.

Induktionsanfang:

$1 \cdot (m \cdot a) = m \cdot a$ nach Definition
$= (1 \cdot m) \cdot a$ nach Definition der Multiplikation natürlicher Zahlen

Induktionsannahme:

$n \cdot (m \cdot a) = (n \cdot m) \cdot a$

Induktionsschritt:

$(n+1) \cdot (m \cdot a) = n \cdot (m \cdot a) + m \cdot a$ nach Definition
$= (n \cdot m + m) \cdot a$ nach Induktionsvoraussetzung und Aufgabe 1.15 b
$= ((n+1) \cdot m) \cdot a$ nach Definition der Multiplikation natürlicher Zahlen

d) Wir zeigen durch vollständige Induktion, daß aus $a < b$ folgt $n \cdot a < n \cdot b$.

Induktionsanfang:

Aus $a < b$ folgt $1 \cdot a < 1 \cdot b$ nach Definition.

Induktionsannahme:
Aus $a < b$ folgt $n \cdot a < n \cdot b$.

Induktionsschritt:
Nach Induktionsvoraussetzung folgt aus $a < b$: $n \cdot a < n \cdot b$ und $a < b$. Durch Addition folgt:
Aus $a < b$ folgt $n \cdot a + a < n \cdot b + b$ oder $(n + 1) \cdot a < (n + 1) \cdot b$ nach Definition.
Zur Umkehrung bilden wir den kontraponierten Satz (unter Verwendung von Definition 1.8 c):
Aus $a \geqslant b$ folgt $n \cdot a \geqslant n \cdot b$, oder aus ($b < a$ oder $b = a$) folgt ($n \cdot b < n \cdot a$ oder $n \cdot b = n \cdot a$).
Die erste Aussage folgt aus dem bereits bewiesenen ersten Teil; die zweite folgt unmittelbar durch Vervielfachen.

e) Beweis des kontraponierten Satzes. Aus $a \neq b$ folgt $n \cdot a \neq n \cdot b$. Nach Definition 1.8 c gibt es die Möglichkeiten $a < b$ oder $a > b$. Dann folgt die Behauptung aus Aufgabe 1.15 d.

f) Wir zeigen zunächst: Aus $m < n$ folgt $m \cdot a < n \cdot a$. $m < n$ bedeutet: Es gibt ein $k \in \mathbf{N}$, so daß $m + k = n$ gilt. Nach Aufgabe 1.15 a folgt daraus $m \cdot a + k \cdot a = n \cdot a$. Das bedeutet nach Definition 1.8 d: $m \cdot a < n \cdot a$.
Die Umkehrung wird mit Hilfe des kontraponierten Satzes gezeigt. Aus $m \geqslant n$ folgt $m \cdot a \geqslant n \cdot a$, oder aus ($m > n$ oder $m = n$) folgt ($m \cdot a > n \cdot a$ oder $m \cdot a = n \cdot a$).
Die erste Aussage folgt aus dem ersten Teil dieses Beweises, die zweite gilt unmittelbar.

g) Beweis des kontraponierten Satzes. Aus $n \neq m$ folgt $n \cdot a \neq m \cdot a$.
Nach dem Trichotomiegesetz für $\mathbf{N}$ gibt es die Fälle $n < m$ oder $n > m$. Damit folgt die Behauptung aus Aufgabe 1.15 f.

1.16 Wegen der Teilbarkeitseigenschaft gibt es ein Element c derart, daß $a + b = d = 2 \cdot c$ ist.
Sei $c \leqslant a$; dann ist $c + c \leqslant a + a < a + b$, also $2 \cdot c < a + b$, Widerspruch.
Sei $c \geqslant b$; dann ist $c + c \geqslant b + b > a + b$, also $2 \cdot c > a + b$, Widerspruch.
Also muß $a < c$ und $c < b$ gelten, d.h., $a < c < b$

1.17 Die Flächen sind kommensurabel. Ein gemeinsames Maß ist z.B. $1\ \text{mm}^2$.

1.18 Nein; aus einem gemeinsamen Maß können durch Unterteilen beliebig viele neue gewonnen werden.

1.19 a) 16/9 b) 25/23 c) 13/6

1.20 a) Wir setzen $\frac{1}{n} \cdot a = b$. Dann ist $n \cdot b = a$ nach Definition oder $n \cdot \left(\frac{1}{n} \cdot a\right) = a$.
Wir setzen $\frac{1}{n} \cdot (n \cdot a) = c$. Dann ist $n \cdot c = n \cdot a$ nach Definition oder $c = a$ und somit $\frac{1}{n} \cdot (n \cdot a) = a$. Also auch $\frac{1}{n} \cdot (n \cdot a) = n \cdot \left(\frac{1}{n} \cdot a\right)$.

b) Wir setzen $\frac{1}{n} \cdot \left(\frac{1}{m} \cdot a\right) = b$. Dann ist $n \cdot b = \frac{1}{m} \cdot a$ nach Definition.

Es folgt $m \cdot (n \cdot b) = m \cdot \left(\frac{1}{m}\right) \cdot a = a$ nach Aufgabe 1.20 a und $m \cdot (n \cdot b) = (m \cdot n) \cdot b)$ nach Aufgabe 1.15 c, also $(m \cdot n) \cdot b = a$ und somit $b = \frac{1}{m \cdot n} \cdot a$ nach Definition, d.h., $\frac{1}{n} \cdot \left(\frac{1}{m} \cdot a\right) = \frac{1}{m \cdot n} \cdot a$.

Da m und n vertauschbar sind ($n \cdot m = m \cdot n$), folgt auch der letzte Teil der Behauptung.

1.21 a) $V_6 = \{6, 12, 18, \ldots, 6n, \ldots\}$
b) $V_{11} = \{11, 22, 33, \ldots, 11n, \ldots\}$
c) $V_9 = \{9, 18, 27, \ldots, 9n, \ldots\}$

1.22 Für a aus einem Größenbereich mit Teilbarkeitseigenschaft gilt nach Aufgabe 1.20 b,

$$\begin{aligned}(a : n) : m &= \left(\frac{1}{n} \cdot a\right) : m = \frac{1}{m} \cdot \left(\frac{1}{n} \cdot a\right) \\ &= \frac{1}{m \cdot n} \cdot a = a : (m \cdot n)\end{aligned}$$

1.23 a) ja b) nein c) nein
d) ja e) nein f) nein

1.24
$$\begin{aligned}[\![m]\!] [\![\cdot]\!] [\![\overline{n}]\!] &= ([\![\overline{n}]\!] [\![\cdot]\!] [\![n]\!]) [\![\cdot]\!] [\![m]\!] [\![\cdot]\!] [\![\overline{n}]\!] \\ &= [\![\overline{n}]\!] [\![\cdot]\!] ([\![n]\!] [\![\cdot]\!] [\![m]\!]) [\![\cdot]\!] [\![\overline{n}]\!] \\ &= [\![\overline{n}]\!] [\![\cdot]\!] ([\![m]\!] [\![\cdot]\!] [\![n]\!]) [\![\cdot]\!] [\![\overline{n}]\!] \\ &= [\![\overline{n}]\!] [\![\cdot]\!] [\![m]\!] [\![\cdot]\!] ([\![n]\!] [\![\cdot]\!] [\![\overline{n}]\!]) \\ &= [\![\overline{n}]\!] [\![\cdot]\!] [\![m]\!] \qquad m \in \mathbf{N}_0 \text{ und } n \in \mathbf{N}\end{aligned}$$

1.25 Weil es sich dabei um Abbildungen handelt.

1.26 a) $[\![\overline{18}]\!]$ b) $\left[\!\!\left[\frac{25}{6}\right]\!\!\right]$ c) $\left[\!\!\left[\frac{20}{27}\right]\!\!\right]$

1.27 a) $\frac{4}{3}$ b) $\frac{200}{9}$ c) $\frac{27}{40}$

1.28 a)

		Anzahl der Stäbe							
Länge der Stäbe	|s|		5		10		15		20
	|r|	2	3	4	6	8	9	10	12
	|s'|	3		6	9	12		15	18
					(**)		(*)		

Anordnung:
(*) $15\,|s| = 9\,|r|$ und $15\,|s'| = 10\,|r|$. Es folgt $15\,|s| < 15\,|s'|$, also $|s| < |s'|$.
(**) $10\,|s| = 6\,|r| = 9\,|s'|$. Es folgt $10\,|s| = 9\,|s'|$; $9\,|s| < 9, |s'|$ oder $|s| < |s'|$, insgesamt $\frac{3}{5} < \frac{2}{3}$.

A d d i t i o n:

$15\,|s| + 15\,|s'| = 15 \cdot (|s| + |s'|) = 19\,|r|$. Es folgt $|s| + |s'| = \frac{19}{15}\,|r|$ oder

$\frac{3}{5}\,|r| + \frac{2}{3}\,|r| = \frac{19}{15}\,|r|$, insgesamt $\frac{3}{5} + \frac{2}{3} = \frac{19}{15}$.

M u l t i p l i k a t i o n:

$10\,|s| = 9\,|s'|$ oder $|s| = \frac{9}{10}\,|s'|$. Dabei gilt $|s| = \frac{3}{5}\,|r|$ und $|s'| = \frac{2}{3}\,|r|$. Aus der letzten Gleichung folgt $|r| = \frac{3}{2}\,|s'|$.

Einsetzen: $|s| = \frac{3}{5}\,|r| = \frac{3}{5} \cdot \frac{3}{2}\,|s'|$

Vergleich: $\frac{9}{10}\,|s'| = \frac{3}{5} \cdot \frac{3}{2}\,|s'|$

insgesamt $\frac{3}{5} \cdot \frac{3}{2} = \frac{9}{10}$

b)

		Anzahl der Stäbe									
Länge der Stäbe	$\|s\|$	3		6		9		12		15	18
	$\|r\|$	5	6	10	12	15	18	20	24	25	30
	$\|s'\|$		5		10		15		20		25
							(*)			(*)	(**)

A n o r d n u n g:

(*) $15\,|s| = 25\,|r|$ und $15\,|s'| = 18\,|r|$. Es folgt $15\,|s| > 15\,|s'|$; $|s| > |s'|$

(**) $18\,|s| = 30\,|r| = 25\,|s'|$. Es folgt $18\,|s| = 25\,|s'|$; $18\,|s| > 18\,|s'|$; $|s| > |s'|$,

insgesamt $\frac{5}{3} > \frac{6}{5}$

A d d i t i o n:

$15\,|s| + 15\,|s'| = 15 \cdot (|s| + |s'|) = 43\,|r|$; $|s| + |s'| = \frac{43}{15}\,|r|$

oder $\frac{5}{3}\,|r| + \frac{6}{5}\,|r| = \frac{43}{15}\,|r|$, insgesamt $\frac{5}{3} + \frac{6}{5} = \frac{43}{15}$.

M u l t i p l i k a t i o n:

$18\,|s| = 25\,|s'|$ oder $|s| = \frac{25}{18}\,|s'|$. Darin gilt $|s| = \frac{5}{3}\,|r|$ und $|s'| = \frac{6}{5}\,|r|$. Aus der letzten Gleichung folgt $|r| = \frac{5}{6}\,|s'|$.

Einsetzen: $|s| = \frac{5}{3}\,|r| = \frac{5}{3} \cdot \frac{5}{6}\,|s'|$

Vergleich: $\frac{25}{18}\,|s'| = \frac{5}{3} \cdot \frac{5}{6}\,|s'|$

insgesamt $\frac{5}{3} \cdot \frac{5}{6} = \frac{25}{18}$

1.29 Wir setzen $\frac{p}{q} \cdot a = r$ und $\frac{m}{n} \cdot r = s$: Dann gilt $p \cdot a = q \cdot r$ und $m \cdot r = n \cdot s$.
Das ist gleichwertig zu $m \cdot p \cdot a = m \cdot q \cdot r = n \cdot q \cdot s$. Damit folgt $s = \frac{m}{n}\left(\frac{p}{q} \cdot a\right) = \frac{m \cdot p}{n \cdot q} \cdot a$ und weiter $\frac{m}{n} \cdot \frac{p}{q} = \frac{m \cdot p}{n \cdot q}$.
In dieser Gleichung kommt a nicht mehr vor. Infolgedessen gilt die Aussage auch für jedes andere $a' \in \mathbf{G}$.
Werden die auftretenden Bruchzahlen durch die Brüche $\frac{m'}{n'}$, $\frac{p'}{q'}$ oder $\frac{u'}{v'}$ bezeichnet,

dann gilt $\frac{p'}{q'} \cdot a = \frac{p}{q} \cdot a$ und $\frac{m'}{n'} \cdot \left(\frac{p'}{q'} \cdot a\right) = \frac{m}{n} \cdot \left(\frac{p}{q} \cdot a\right)$ und somit auch

$\frac{u'}{v'} \cdot a = \frac{u}{v} \cdot a$ für alle $a \in \mathbf{G}$, weil die bewirkten Abbildungen jeweils gleich sind.

1.30 a) $\frac{m}{n} + \frac{p}{q} = \frac{m \cdot q + n \cdot p}{n \cdot q} = \frac{p \cdot n + q \cdot m}{q \cdot n} = \frac{p}{q} + \frac{m}{n}$

$$\left(\frac{m}{n} + \frac{p}{q}\right) + \frac{r}{s} = \frac{m \cdot q + n \cdot p}{n \cdot q} + \frac{r}{s} = \frac{(m \cdot q + n \cdot p) \cdot s + (n \cdot q) \cdot r}{(n \cdot q) \cdot s}$$

$$= \frac{(m \cdot q) \cdot s + (n \cdot p) \cdot s + (n \cdot q) \cdot r}{(n \cdot q) \cdot s} = \frac{m \cdot (q \cdot s) + n \cdot (p \cdot s) + n \cdot (q \cdot r)}{n \cdot (q \cdot s)}$$

$$= \frac{m \cdot (q \cdot s) + n \cdot (p \cdot s + q \cdot r)}{n \cdot (q \cdot s)} = \frac{m}{n} + \frac{p \cdot s + q \cdot r}{q \cdot s}$$

$$= \frac{m}{n} + \left(\frac{p}{q} + \frac{r}{s}\right)$$

b) $\frac{m}{n} \cdot \frac{p}{q} = \frac{m \cdot p}{n \cdot q} = \frac{p \cdot m}{q \cdot n} = \frac{p}{q} \cdot \frac{m}{n}$

$$\left(\frac{m}{n} \cdot \frac{p}{q}\right) \cdot \frac{r}{s} = \frac{m \cdot p}{n \cdot q} \cdot \frac{r}{s} = \frac{(m \cdot p) \cdot r}{(n \cdot q) \cdot s} = \frac{m \cdot (p \cdot r)}{n \cdot (q \cdot s)} = \frac{m}{n} \cdot \frac{p \cdot r}{q \cdot s} = \frac{m}{n} \cdot \left(\frac{p}{q} \cdot \frac{r}{s}\right)$$

1.31 Die Gleichung $\frac{m}{n} \cdot \square = \frac{p}{q}$ habe die Lösungen $\frac{x_1}{y_1}$ und $\frac{x_2}{y_2}$. Dann gilt

$\frac{m \cdot x_1}{n \cdot y_1} = \frac{m \cdot x_2}{n \cdot y_2}$. Das ist gleichwertig zu $m \cdot n \cdot x_1 \cdot y_2 = n \cdot m \cdot x_2 \cdot y_1$. Daraus

folgt $x_1 \cdot y_2 = x_2 \cdot y_1$ oder $\frac{x_1}{y_1} = \frac{x_2}{y_2}$. Infolgedessen sind die Lösungen gleich.

1.32 Nein; denn die Menge ist nicht abgeschlossen, z.B. gilt $2 \cdot \frac{1}{3} = \frac{2}{3}$. $\frac{2}{3}$ ist kein Element der angegebenen Menge.

1.33 a) $\frac{m}{n} < \frac{p}{q}$ bedeutet, daß es ein $\frac{r}{s}$ gibt, so daß $\frac{m}{n} + \frac{r}{s} = \frac{p}{q}$ gilt. Dann folgt

$$\left(\frac{m}{n} + \frac{r}{s}\right) + \frac{u}{v} = \frac{p}{q} + \frac{u}{v} \text{ oder } \left(\frac{m}{n} + \frac{u}{v}\right) + \frac{r}{s} = \frac{p}{q} + \frac{u}{v}, \text{ d.h. } \frac{m}{n} + \frac{u}{v} < \frac{p}{q} + \frac{u}{v}.$$

b) Aus $\frac{m}{n} + \frac{r}{s} = \frac{p}{q}$ folgt $\left(\frac{m}{n} + \frac{r}{s}\right) \cdot \frac{u}{v} = \frac{p}{q} \cdot \frac{u}{v}$ oder $\frac{m}{n} \cdot \frac{u}{v} + \frac{r}{s} \cdot \frac{u}{v} =$

$\frac{p}{q} \cdot \frac{u}{v}$, d.h. $\frac{m}{n} \cdot \frac{u}{v} < \frac{p}{q} \cdot \frac{u}{v}$.

1.34 Wir setzen $\frac{u}{v}$ gleich dem arithmetischen Mittel von $\frac{m}{n}$ und $\frac{p}{q}$.

$$\frac{u}{v} = \frac{1}{2} \cdot \left(\frac{m}{n} + \frac{p}{q}\right) = \frac{1}{2} \cdot \frac{m \cdot q + n \cdot p}{n \cdot q} = \frac{m \cdot q + n \cdot p}{2 \cdot n \cdot q}$$

1. Behauptung: $\frac{m}{n} < \frac{u}{v}$

$m \cdot 2 \cdot n \cdot q \overset{!}{<} n \cdot m \cdot q + n^2 \cdot p$

$m \cdot n \cdot q \overset{!}{<} n^2 \cdot p$

$n \cdot (m \cdot q) \overset{!}{<} n \cdot (n \cdot p)$

Nach Voraussetzung ist $m \cdot q < n \cdot p$, also gilt die 1. Behauptung.

2. Behauptung: $\frac{u}{v} < \frac{p}{q}$

$m \cdot q^2 + n \cdot p \cdot q \overset{!}{<} 2 \cdot n \cdot q \cdot p$

$m \cdot q^2 \overset{!}{<} n \cdot p \cdot q$

$(m \cdot q) \cdot q \overset{!}{<} (n \cdot p) \cdot q$

Da $m \cdot q < n \cdot p$ vorausgesetzt ist, gilt auch die 2. Behauptung.

1.35 Die Relation ist irreflexiv, asymmetrisch, transitiv und konnex. Also handelt es sich um eine lineare strenge Ordnungsrelation. Diese Relation ist isomorph zur Kleinerrelation in **N**.

1.36 1. Beweis.

$\frac{m}{n} < 1$ bedeutet $1 \cdot m < n \cdot 1$ oder $m < n$ bzw. $n > m$. Daraus folgt $1 \cdot n > m \cdot 1$

oder $\frac{n}{m} > 1$.

2. B e w e i s.

$\frac{m}{n} < 1$ bedeutet, daß es ein $\frac{p}{q} < 1$ gibt, so daß gilt $\frac{m}{n} + \frac{p}{q} = 1$ oder $\frac{m}{n} = 1 - \frac{p}{q}$

$= \frac{q-p}{q}$. Es folgt $\frac{n}{m} = \frac{q}{q-p}$.

Da $\frac{p}{q} < 1$ ist, gilt $p < q$. Die Differenz $q - p$ ist also positiv, jedoch kleiner als q.

Infolgedessen ist $\frac{q}{q-p} > 1$ und somit auch $\frac{n}{m} > 1$.

1.37 Da die Multiplikation von Bruchzahlen kommutativ und assoziativ ist, gilt das auch für die betrachteten Teilmengen.

a) Seien $\frac{m}{n} < 1$ und $\frac{p}{q} < 1$, d.h. $m < n$ und $p < q$. Daraus folgt $m \cdot p < n \cdot p < n \cdot q$; also auch $m \cdot p < n \cdot q$. Somit gilt $\frac{m \cdot p}{n \cdot q} = \frac{m}{n} \cdot \frac{p}{q} < 1$.

b) Seien $\frac{m}{n} > 1$ und $\frac{p}{q} > 1$, d.h. $m > n$ und $p > q$. Es folgt $m \cdot p > n \cdot p > n \cdot q$; also auch $m \cdot p > n \cdot q$. Damit gilt $\frac{m \cdot p}{n \cdot q} = \frac{m}{n} \cdot \frac{p}{q} > 1$.

1.38 1. Die Definition ist nicht eindeutig. Es gilt z.B. $\frac{2}{3} = \frac{4}{6}$.
$\frac{1}{2} + \frac{2}{3} = \frac{3}{5}$; $\frac{1}{2} + \frac{4}{6} = \frac{5}{8}$; aber $\frac{3}{5} \neq \frac{5}{8}$.

2. Die Addition natürlicher Zahlen ist nicht eingeschlossen, z.B. $2 + 3 = 5$, aber $\frac{2}{1} + \frac{3}{1} = \frac{5}{2}$.

1.39 **B** ist bezüglich „+“ abgeschlossen und je zwei Elemente aus **B** sind bezüglich „<“ vergleichbar. Die Addition ist kommutativ und assoziativ. Für Bruchzahlen gilt das Trichotomiegesetz, und die Gleichung $\frac{m}{n} + \square = \frac{p}{q}$ ist genau dann lösbar, wenn $\frac{m}{n} < \frac{p}{q}$ ist.

1.40 In **B** ist die Gleichung $n \cdot x = \frac{p}{q}$ stets lösbar.
Lösung: $x = \frac{p}{n \cdot q}$, wobei $\frac{p}{n \cdot q} \in \mathbf{B}$ ist.

2.1 Es gibt die 11 Klassen $\overline{(6,1)}$, $\overline{(5,1)}$, $\overline{(4,1)}$, $\overline{(3,1)}$, $\overline{(2,1)}$, $\overline{(1,1)}$, $\overline{(1,2)}$, $\overline{(1,3)}$, $\overline{(1,4)}$, $\overline{(1,5)}$ und $\overline{(1,6)}$.
$|\overline{(6,1)}| = |\{(6,1)\}| = 1$
$|\overline{(5,1)}| = |\{(5,1),(6,2)\}| = 2$
$|\overline{(4,1)}| = |\{(4,1),(5,2),(6,3)\}| = 3$

$|(\overline{3,1})| = |\{(3,1), (4,2), (5,3), (6,4)\}| = 4$

$|(\overline{2,1})| = |\{(2,1), (3,2), (4,3), (5,4), (6,5)\}| = 5$

$|(\overline{1,1})| = |\{(1,1), (2,2), (3,3), (4,4), (5,5), (6,6)\}| = 6$

$|(\overline{1,2})| = |\{(1,2), (2,3), (3,4), (4,5), (5,6)\}| = 5$

$|(\overline{1,3})| = |\{(1,3), (2,4), (3,5), (4,6)\}| = 4$

$|(\overline{1,4})| = |\{(1,4), (2,5), (3,6)\}| = 3$

$|(\overline{1,5})| = |\{(1,5), (2,6)\}| = 2$

$|(\overline{1,6})| = |\{(1,6)\}| = 1$

2.2 Es gibt abzählbar unendlich viele Klassen. Die Mächtigkeit der Klassen ist ebenfalls abzählbar unendlich.

2.3 $(m, n) \ominus (r, s) = (m + s, n + r) \qquad (r, s) \ominus (m, n) = (r + n, s + m)$
Da im allgemeinen $(m + s, n + r) \neq (r + n, s + m)$ ist, gilt das Kommutativgesetz nicht.

2.4 $(m, n) \oplus (r, s) = (m + r, n + s) \qquad (r, s) \oplus (m, n) = (r + m, s + n)$
Da $(m + r, n + s) = (r + m, s + n)$ ist, gilt das Kommutativgesetz (Fig. 3.4).

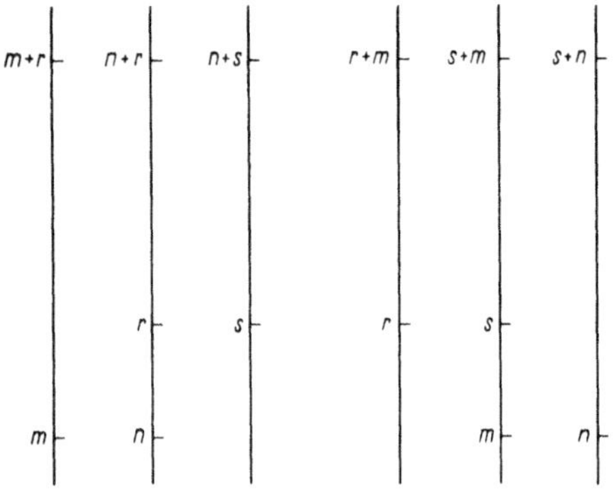

Fig. 3.4

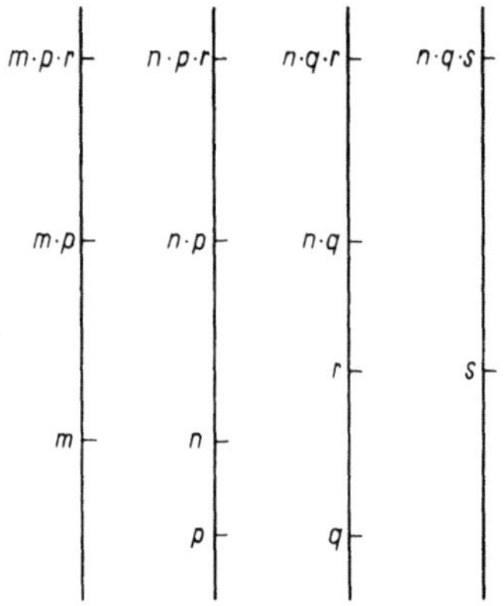

Fig. 3.5

2.5 Unabhängig von der Beklammerung erhalten wir (Fig. 3.5) $\frac{m}{n} \cdot \frac{p}{q} \cdot \frac{r}{s} = \frac{m \cdot p \cdot r}{n \cdot q \cdot s}$.

2.6 Lösung: $\bigcirc = (c \circ b, d \circ a)$
Probe: $(a, b) \square (c \circ b, d \circ a) = (a \circ c \circ b, b \circ d \circ a) \sim (c, d)$

2.7 $(h, \ell) \boxplus (m, n) = (h + m, \ell + n) = (m + h, n + \ell) = (m, n) \boxplus (h, \ell)$

$$((h, \ell) \boxplus (m, n)) \boxplus (p, q) = ((h + m, \ell + n)) \boxplus (p, q)$$
$$= ((h + m) + p, (\ell + n) + q) = (h + (m + p), \ell + (n + q))$$
$$= (h, \ell) \boxplus (m + p, n + q) = (h, \ell) \boxplus ((m, n) \boxplus (p, q))$$

2.8 a) $(0, 0) \leqslant\cdot (n, 0)$ genau dann, wenn $0 + 0 \leqslant 0 + n$ ist. $0 \leqslant n$ gilt für alle $n \in \mathbf{N}_0$.
b) $(0, n) \leqslant\cdot (m, 0)$ genau dann, wenn $0 + 0 \leqslant n + m$ ist. $0 \leqslant n + m$ gilt für alle $m, n \in \mathbf{N}_0$.
c) $(m, 0) \leqslant\cdot (n, 0)$ genau dann, wenn $m + 0 \leqslant 0 + n$ ist. Das ist gleichwertig zu $m \leqslant n$.
d) $(0, m) \leqslant\cdot (0, n)$ genau dann, wenn $0 + n \leqslant m + 0$ ist. Das ist gleichwertig zu $n \leqslant m$.

2.9 Es gilt $(k, \ell) \mid\cdot (m, n)$ genau dann, wenn $k \cdot n \mid \ell \cdot m$.
a) $1 \cdot 1 \mid 1 \cdot m$ wahr
b) $m \cdot n \mid 1 \cdot m$ falsch
c) $1 \cdot m \mid m \cdot n$ wahr
d) $m \cdot 1 \mid n \cdot m$ wahr
e) $1 \cdot n \mid m \cdot 1$ ist gleichwertig zu $n \mid m$.
f) $m \cdot 1 \mid 1 \cdot n$ ist gleichwertig zu $m \mid n$.

2.10 $(k, \ell) \boxdot (1, 1) = (k \cdot 1, \ell \cdot 1) = (k, \ell)$
$(1, 1) \boxdot (k, \ell) = (1 \cdot k, 1 \cdot \ell) = (k, \ell)$

2.11 Lösung: $\square = (p \cdot m, q \cdot n)$
Probe: $(n, m) \boxdot (p \cdot m, q \cdot n) = (n \cdot m \cdot p, n \cdot m \cdot q) \sim (p, q)$

2.12 0 ist nicht neutrales Element in $\mathbf{Z}$ bezüglich der Subtraktion; denn es gilt z.B. für $a \in \mathbf{N}$: $0 - a = -a$ und $a - 0 = a$, also $0 - a \neq a - 0$. Die 0 ist rechts – aber nicht links – neutral.

2.13 Zu zeigen ist, daß für zwei ganze Zahlen $\overline{(a, b)}$ und $\overline{(c, d)}$ gilt: entweder $\overline{(a, b)} = \overline{(c, d)}$ oder $\overline{(a, b)} < \overline{(c, d)}$ oder $\overline{(a, b)} > \overline{(c, d)}$.
Diese Bedingungen werden zurückgeführt auf genau einen der Fälle $a + d = b + c$ oder $a + d < b + c$ oder $a + d > b + c$. Da für natürliche Zahlen das Trichotomiegesetz erfüllt ist, kann es somit auf $\mathbf{Z}$ übertragen werden.

2.14 $(\mathbf{Z}^-, +, <)$ ist eine geordnete Halbgruppe. Die Elemente von $\mathbf{Z}^-$ seien in der Form $-n$ mit $n \in \mathbf{N}$ gegeben.
Bijektion: $n \rightarrow -n$.
Operationstreue: $n + m \rightarrow -n + (-m) = -(n + m)$
Relationstreue: Aus $n > m$ folgt $-n < -m$ und umgekehrt.

2.15

a)	b)
$3 \cdot 8 = 24$	$2 \cdot (-4) = -8$
$2 \cdot 8 = 16$	$1 \cdot (-4) = -4$
$1 \cdot 8 = 8$	$\underline{0 \cdot (-4) = 0}$
$\underline{0 \cdot 8 = 0}$	$(-1) \cdot (-4) = \bigcirc$
$(-1) \cdot 8 = \square$	$(-2) \cdot (-4) = \square$
$(-2) \cdot 8 = \triangle$	$(-3) \cdot (-4) = \triangle$

2.16 $0 \mid m$ bedeutet, daß die Gleichung $0 \cdot x = m$ für $m \in \mathbf{N}$ in $\mathbf{N}_0$ lösbar ist. Diese Gleichung ist jedoch unlösbar.

2.17 a) $(+, r) \cdot ((+, n) + (-, m)) = (+, r) \cdot (-, m - n)$
$= (-, r \cdot (m - n)) = (-, r \cdot m - r \cdot n) = (-, r \cdot m) + (+, r \cdot n)$
$= (+, r) \cdot (-, m) + (+, r) \cdot (+, n) = (+, r) \cdot (+, n) + (+, r) \cdot (-, m)$

b) $(-, r) \cdot ((-, n) + (-, m)) = (-, r) \cdot (-, n + m)$
$= (+, r \cdot (n + m)) = (+, r \cdot n + r \cdot m) = (+, r \cdot n) + (+, r \cdot m)$
$= (-, r) \cdot (-, n) + (-, r) \cdot (-, m)$

c) $(-, r) \cdot ((+, n) + (+, m)) = (-, r) \cdot (+, n + m)$
$= (-, r \cdot (n + m)) = (-, r \cdot n + r \cdot m) = (-, r \cdot n) + (-, r \cdot m)$
$= (-, r) \cdot (+, n) + (-, r) \cdot (+, m)$

2.18 Bijektion von $\mathbf{Z}$ auf $\mathbf{Z}'$
$n \longrightarrow (+, n)$ für $n \in \mathbf{N}_0$
$-n \longrightarrow (-, n)$ für $n \in \mathbf{N}$

Definition der Multiplikation in $\mathbf{Z}$

$n \cdot m = n \cdot m$	für $n, m \in \mathbf{N}_0$	
$n \cdot (-m) = -n \cdot m$	für $n \in \mathbf{N}_0$	und $m \in \mathbf{N}$
$(-n) \cdot m = -n \cdot m$	für $n \in \mathbf{N}$	und $m \in \mathbf{N}_0$
$(-n) \cdot (-m) = n \cdot m$	für $n, m \in \mathbf{N}$	

Auf Grund der Definition zu Beginn von Abschn. 2.2.2.2 ist die Operationstreue unmittelbar abzulesen.

2.19 Zuordnung wie in Aufgabe 2.18.
$n \mid m$ genau dann, wenn $n \mid m$ für $n \in \mathbf{N}$ und $m \in \mathbf{N}_0$
$n \mid (-m)$ genau dann, wenn $n \mid m$
$(-n) \mid m$ genau dann, wenn $n \mid m$
$(-n) \mid (-m)$ genau dann, wenn $n \mid m$
Damit ist die Relationstreue auf Grund der Definition zu Anfang von Abschn. 2.2.2.3 gegeben.

2.20 Auf $(\mathbf{Z}, \cdot)$ treffen die Bedingungen 1, 2 und 3 im wesentlichen zu. Bei 1 ist auf die Sonderstellung der 0 zu achten, und bei 3 kann m auch -1 sein (vgl. Abschn. 2.1.4.4). Zur Erweiterung wird $\mathbf{Z} \times (\mathbf{Z} \setminus \{0\})$ gebildet.

Ä q u i v a l e n z der Paare $k, m \in \mathbf{Z}$ und $\ell, n \in \mathbf{Z} \setminus \{0\}$: $(k, \ell) \sim (m, n)$ genau dann, wenn $k \cdot n = \ell \cdot m$ ist.

K l a s s e:

$\overline{(m, n)} = \{(x, y) \mid (x, y) \in \mathbf{Z} \times (\mathbf{Z} \setminus \{0\}) \text{ und } (x, y) \sim (m, n)\}$

T e i l b a r k e i t

$(k, \ell) \mid^{\bullet} (m, n)$ genau dann, wenn $k \cdot n \mid \ell \cdot m$.

V e r k n ü p f u n g:

$(k, \ell) \boxdot (m, n) = (k \cdot m, \ell \cdot n)$; (n, m) ist invers zu (m, n).

V e r t r ä g l i c h k e i t von „$\boxdot$“ und „$\mid^{\bullet}$“. Aus $(k, \ell) \mid^{\bullet} (m, n)$ folgt $(k, \ell) \boxdot (p, q) \mid^{\bullet}$

(m, n) ⊡ (p, q) und umgekehrt. Die Menge der Klassen aus $\mathbf{Z} \times (\mathbf{Z} \setminus \{0\})$ ist die gesuchte multiplikative Gruppe $\mathbf{Q}$.

2.21 a) $\left(-, \frac{s}{r}\right)$; b) $\left(+, \frac{s}{r}\right)$; c) $\left(-, \frac{s}{r}\right)$; d) $\left(+, \frac{s}{r}\right)$.

2.22 a) $(+, s + r)$, b) $(-, s + r)$,
c) $(+, r - s)$, d) $(+, s - r)$

2.23 a) $(-, r) \cdot ((-, s) + (-, t)) = (-, r) \cdot (-, s + t)$
$= (+, r \cdot (s + t)) = (+, r \cdot s + r \cdot t)$
$= (+, r \cdot s) + (+, r \cdot t) = (-, r) \cdot (-, s) + (-, r) \cdot (-, t)$

b) $(+, r) \cdot ((-, s) + (+, t)) = (+, r) \cdot (-, s - t)$
$= (-, r \cdot (s - t)) = (-, r \cdot s - r \cdot t) = (-, r \cdot s) + (+, r \cdot t)$
$= (+, r) \cdot (-, s) + (+, r) \cdot (+, t)$

2.24 $(-, r) \leqslant (-s)$ bedeutet, daß es ein $(+, u)$ gibt, so daß $(-, r) + (+, u) = (-, s)$ gilt.
Addition von $(+, t)$;
$(-, r) + (+, u) + (+, t) = (-, s) + (+, t)$
$((-, r) + (+, t)) + (+, u) = (-, s) + (+, t)$
Daraus folgt $(-, r) + (+, t) \leqslant (-, s) + (+, t)$.

Literatur

[1] A u g u s t i n, G.; B i e r m a n n, G.: Grundkurs Mathematik II, 1: Algebraische Gebilde, Zahlbereichserweiterungen, Deutsches Institut für Fernstudien an der Universität Tübingen 1972

[2] B r a u n f e l d, P.: Ein neuer Zugang zur Bruchrechnung vom Standpunkt der Operatoren. In: Beiträge zum Mathematikunterricht. Hannover 1969

[3] C o u r a n t, R.; R o b b i n s, H.: Was ist Mathematik? 3. Aufl. Berlin – Heidelberg – New York 1973

[4] D i e n e s, Z.P.: Bruchrechnen. Freiburg 1968

[5] E c k h a r d t, H.: Neue Mathematik. Frankfurt 1969

[6] F r e u n d, H.: Die Einführung der ganzen Zahlen und der Brüche im Sinne der modernen Algebra. MNU **18** (1965/66)

[7] F r e u n d, H.: Bruchrechnung und Sachrechnen. Kiel Band 66/2/1970

[8] G r i e s e l, H.: Eine Analyse und Neubegründung der Bruchrechnung. Math.-Phys. Semesterber. **XV**, 1 (1968)

[9] G r i e s e l, H.: Der wissenschaftliche Hintergrund der Bruchrechnung. Mathematikunterricht **16**, 2 (1970)

[10] G r i e s e l, H.: Der mathematische Hintergrund der natürlichen Zugänge zu den negativen Zahlen. Mathematikunterricht **19**, 1 (1973)

[11] G r i e s e l, H.: Die Neue Mathematik. Bde. 2 u. 3. Hannover 1973/74

[12] K i r s c h, A.: Einige Bemerkungen zur Einführung der negativen und gebrochenen Zahlen. Math.-Phys. Semesterber. **V**, 3/4 (1957)

[13] K i r s c h, A.: Die Einführung der negativen Zahlen mittels additiver Operatoren. Mathematikunterricht **19**, 1 (1973)

[14] K i r s c h, A.: Elementare Zahlen- und Größenbereiche. Göttingen 1970

[15] L a u t e r, J.; M e s s e r l e, G., P r e i ß, G.; W i s s l e r, G.: Kurs für Grundschullehrer: Größenbereiche, E10, Deutsches Institut für Fernstudien an der Universität Tübingen 1974

[16] M e s c h k o w s k i, H.: Wandlungen des mathematischen Denkens. 4. Aufl. Braunschweig 1969

[17] M e s c h k o w s k i, H.: Zahlen. Mannheim 1970

[18] N e u n z i g, W. (Hrsg.): Wir lernen Mathematik. Bde. 6 u. 8. Freiburg 1972/74

[19] N e u n z i g, W. (Hrsg.): Wir lernen Mathematik. Lehreranleitungen 6 u. 8. Freiburg 1973/74

[20] O b e r s c h e l p, A.: Aufbau des Zahlensystems. Göttingen 1968

[21] P i c k e r t, G.: Die Bruchrechnung als Operieren mit Abbildungen. Math.-Phys. Semesterber. **XV**, 1 (1968)

[22] S t r e h l, R.: Zahlbereiche. Freiburg 1972

[23] V o l l r a t h, H.J.: Aufbau des Zahlensystems. In: Handbuch der Schulmathematik. Bd. 7. Hannover/Paderborn 1967

Sachverzeichnis

Teubner Studienbücher

Mathematik

Böhmer: **Spline-Funktionen**
Theorie und Anwendungen. 340 Seiten. DM 24,80

Clegg: **Variationsrechnung**
138 Seiten. DM 14,80

Collatz: **Differentialgleichungen**
Eine Einführung unter besonderer Berücksichtigung der Anwendungen
5. Aufl. 226 Seiten. DM 18,80 (LAMM)

Collatz/Krabs: **Approximationstheorie**
Tschebyscheffsche Approximation mit Anwendungen. 208 Seiten. DM 26,80

Constantinescu: **Distributionen und ihre Anwendung in der Physik**
144 Seiten. DM 16,80

Fischer/Sacher: **Einführung in die Algebra**
238 Seiten. DM 15,80

Grigorieff: **Numerik gewöhnlicher Differentialgleichungen**
Band 1: Einschrittverfahren. 202 Seiten. DM 13,80
Band 2: Mehrschrittverfahren

Hainzl: **Mathematik für Naturwissenschaftler**
311 Seiten. DM 29,– (LAMM)

Hilbert: **Grundlagen der Geometrie**
11. Aufl. VII, 271 Seiten. DM 18,80

Jaeger/Wenke: **Lineare Wirtschaftsalgebra**
Eine Einführung
Band 1: XVI, 174 Seiten. DM 17,80 (LAMM)
Band 2: IV, 160 Seiten. DM 17,80 (LAMM)

Kochendörffer: **Determinanten und Matrizen**
IV, 148 Seiten. DM 14,80

Stiefel: **Einführung in die numerische Mathematik**
Eine Darstellung unter Betonung des algorithmischen Standpunktes
4. Aufl. 257 Seiten. DM 18,80 (LAMM)

Stummel/Hainer: **Praktische Mathematik**
299 Seiten. DM 26,80

Topsøe: **Informationstheorie**
Eine Einführung. 88 Seiten. DM 11,80

Walter: **Biomathematik für Mediziner**
148 Seiten. DM 14,80

Witting: **Mathematische Statistik**
Eine Einführung in Theorie und Methoden. 2. Aufl. 223 Seiten. DM 24,– (LAMM)

Preisänderungen vorbehalten

GPSR Compliance

The European Union's (EU) General Product Safety Regulation (GPSR) is a set of rules that requires consumer products to be safe and our obligations to ensure this.

If you have any concerns about our products, you can contact us on ProductSafety@springernature.com

In case Publisher is established outside the EU, the EU authorized representative is:

Springer Nature Customer Service Center GmbH
Europaplatz 3
69115 Heidelberg, Germany

Batch number: 10815962

Printed by Printforce, the Netherlands